歴史文化ライブラリー

443

軍用機の誕生

日本軍の航空戦略と技術開発

水沢 光

吉川弘文館

目　次

技術者の夢と兵器開発——プロローグ

『風立ちぬ』

宮崎駿監督の長編引退作となった映画『風立ちぬ』（二〇一三年公開）は、零式艦上戦闘機（ゼロ戦）の設計者である堀越二郎を主人公にして、航空機作りに情熱を傾けた青年の半生を描いた。劇中、少年時代の二郎は、夢のなかに現れたイタリアの航空機設計者カプローニ伯爵に励まされ、航空機の設計者になることを志す。カプローニ伯爵は、「飛行機は戦争の道具でも商売の道具でもない。飛行機は美しい夢だ。設計家は夢に形を与える」と少年二郎を航空機設計の世界へと誘う。航空機設計者となった二郎は、「美しい飛行機」を作ることに全精力を注ぎ、世界的なレベルの航空機を開発することに成功する。しかし、二郎の開発した「美しい飛行機」は、戦場に向かう戦闘機であり、人の命を奪う戦争の道具だった。

昭和戦前期から戦時期の日本において、航空機の設計者になりたいという二郎の夢は、戦争の道具である軍用機の開発に携わることでしか実現しなかった。航空機工業は、一九一〇年代後半に誕生した当初より、軍部からの保護と指導を受けて成長した軍需工業だった。航空機製造会社が開発、生産する航空機の大部分は、陸海軍から発注された軍用機であり、民間の航空輸送会社向けに開発される旅客機はほとんど存在しなかった。また、一九三〇年代後半に総力戦体制が敷かれると、大学などの航空研究機関や民間の航空輸送会社も、実質的に陸海軍の指導下に置かれることとなった。映画のなかにおけるカプローニ伯爵のセリフとは異なり、現実には、航空機の開発は兵器開発そのものであり、一国の軍事力をどのように運用するかという軍事戦略や、戦場でどのように戦うかという作戦構想と密接不可分の関係にあった。

航空戦略と技術開発

本書では、戦争遂行に不可欠な科学技術の振興や兵器の開発のうち、特に航空機の研究開発に焦点をあて、当時の陸海軍が航空兵器にどのような戦略的期待を抱いていたのか、組織的にどのような研究開発を行い、多くの世界的レベルの航空機を生み出していったのかなどを明らかにする。ここでいう研究開発とは、民間の航空機製造会社が行う航空機の設計および試作、主に陸海軍や大学の航空研究機関で行われる次世代機に用いられる新技術の開発や試験、より基礎的な研究などの活動全体を指す。

航空機の研究開発については、木製航空機から金属製航空機への変化といった技術そのものの発展に絞って考えることもできるが、ここでは、より社会的な文脈のなかで技術がどのように発展してきたのかを見る。具体的には、陸海軍の航空戦略と国産技術の確立という視点から、日本の航空機の発展を探っていく。

航空戦略とは、個々の軍用機を開発する際の大本になる方策で、どの国を仮想敵国と定め、どのような作戦を通じて戦闘を行うのか、戦闘全体のなかで航空兵力をどのように位置づけるのかという基本方針のことである。速度・航続距離・格闘性能・攻撃力・爆弾搭載量・防御力など、すべての要目に優れた航空機を作ることはできない。軍用機の開発では、一国の航空戦略に基づいて、個々の機種の具体的な使用目的を定め、その使用目的に沿って優先項目を決定し設計および試作を行う。航空戦略と研究開発の間には、定められた航空戦略をもとにして、個々の軍用機の研究開発を行うという基本的関係があるが、より長期的視点に立てば、航空機の攻撃力が増すことにより航空兵力の位置づけが高まるといったように、研究開発の進展により航空戦略が修正される場合もある。

また、外国から技術を導入することで航空技術を発展させた日本では、欧米諸国からもたらされる技術や情報が、国内の研究開発に及ぼした影響について考えることも重要である。欧米諸国からの航空機の輸入によって始まった日本の航空機工業は、外国機のライセンス生産や外国人技術者の招聘（しょうへい）などを通じて技術を向上させて、第二次世界大戦期には世界的なレベルの航空機を作るに至った。また、航空機の自主開発ができるようになってからも、新技術の開発や航空力学などのより基礎的研究については、海外の技術や情報に依存する面が大きかった。第二次世界大戦の勃発により、海外の技術や情報が入手できなくなると、軍部は、それまで海外に依存していた幅広い分野の研究を国内の航空研究機関に求めるようになった。

本書では、研究開発に焦点をあてたため、航空機に関わるそれ以外のさまざまな問題については、研究開発に関わる範囲でのみ取り上げるに留めた。そのため、軍用機の配備状況や航空部隊の実戦での戦闘経過、航空機の大量生産のために戦時中に実施された学徒動員や労務動員、航空機工業における生産技術などについては、ほとんど扱うことができなかった。また、対象時期については、一九三〇年代以降の時期を中心に、一九一〇年代から四〇年代まで、日本に航空技術が導入され世界的なレベルに到達するまでを幅広く扱った。

本書の構成

本書は、まず第一章「技術の国産化と用兵思想の深化」で、陸海軍が主導して欧米諸国からの技術導入を進め、航空機の国産化を達成したこと、国産化の達成を受けて、陸海軍の軍事戦略に沿った日本独自の軍用機の開発が進んだこと、特に海軍が航空技術の発展によって航空機の用兵思想を変化させたことを追っていく。

続く第二章「研究機関の整備と応用研究の進展」では、陸軍に比べて航空機の価値を高く評価していた海軍が、より充実した航空研究機関を整えたこと、貧弱な研究機関しか持たない陸軍が、外部の研究機関に対し強い期待を持ち、役立つ研究の実施を求めたこと、陸軍の要求を受けて研究機関の拡充と軍との関係強化が進んだことを見ていく。

最後に、第三章「技術封鎖下の研究開発」では、一九三〇年代後半から日本に対する技術封鎖が広がったことで陸軍の要求が変化し、幅広い研究の実施が求められるようになったこと、実際に新技術の開発や基礎的研究が戦時中に実施されたこと、そうした研究が新機種の開発へとつながっていたことを示す。

戦時中の軍用機に関しては、設計・運用・整備・戦闘などに携わった関係者の回想や創作を交えた「ノンフィクション」など、これまで数多くの書籍が出版されてきた。これに対して、学術的な歴史研究の対象としては、比較的マイナーな扱いを受けてきた。これは、戦後日本において、長らく戦争への極度の嫌悪感から、戦争や軍事に関する研究が忌諱(きい)されてきたためであろう。科学技術史の分野では、二つの世界大戦中の科学者および技術者の動員により、科学技術と国家との結び付きが強まったとされる。特に、日本においては、太平洋戦争中の施策によって、今日の科学技術振興体制の土台が形成されたことがわかっている。航空技術は、戦時中の動員施策の中心的課題であったから、軍用機の研究開発体制を探ることは、現在の科学技術と国家の関係の源流をたどり、両者の関係を顧みることにつながるだろう。

また、戦後の日本では、軍需産業は比較的規模が小さく、大学での軍事研究も限定された範囲に留まってきたが、近年、武器輸出三原則の見直しや、大学などの研究機関での軍事研究の広がりなどによって、状況は大きく変わりつつある。航空分野における軍産学の結び付きを分析した本書は、このような現代的な問題を考える際の題材にもなるだろう。

なお、引用資料のカタカナ表記はひらがなに直したほか、読みやすさを考慮して、濁点や句読点をおぎなうなど修正を加えた。

技術の国産化と用兵思想の深化

技術の国産化

臨時軍用気球研究会

一九〇九年（明治四二）七月三〇日、陸軍・海軍・大学関係者が合同して臨時軍用気球研究会を創設したことで、日本における組織的な航空研究は始まった。一九〇三年のライト兄弟による世界初の有人動力飛行から六年後のことである。この間、欧米では、航空機の発達が急激に進み、一九〇九年七月二五日には、フランスの飛行家ルイ・ブレリオが、初のドーバー海峡横断飛行に成功していた。日本国内では、航空機が飛ぶのを実際に見た者もほとんどいなかったが、欧米における航空機の発達を受けて、研究に着手すべきとの意見が軍内部から上がり、陸軍・海軍が共同して研究会を設置することとなったのである。当初の研究会メンバーは一四人で、このうち、会長の長岡外史（陸軍中将）をはじめ陸軍関係者が七人を占め、ほかに海軍関係者四人、大学などの研究者三人が参加していた。研究会の活動費用は陸軍予算から支出され、陸軍の主導で運営された。

臨時軍用気球研究会の目的は、軍事上の要求に応じて飛行船および航空機を研究することだった。研究会の名称に「気球」という用語が使われたのは、一九〇四年から〇五年の日露戦争において、すでに気球が敵情視察のために用いられており、航空機よりも重要だと思われていたためである。飛行船は、当時、「誘導気球」と呼ばれ、気球の一種だと見なされていた。研究会は、発足するとすぐに航空機の試作を開始した。研究会の発足前から、のちに研究会メンバーとなる日野熊蔵（陸軍歩兵大尉）らが、航空機の試作やグライダーの飛行実験を独自に行っていたが、海外の文献だけを頼りに試作機を製造し飛ばすことは、容易なことではなかった。飛行機研究の第一人者とされた日野の作った試作機ですら、地上を滑走するのが難しいというあり様だった。

初飛行

そこで研究会は、外国から航空技術を導入するため、日野熊蔵と徳川好敏（陸軍工兵大尉）をヨーロッパに派遣することを決定した。研究会発足前から航空機の試作に取り組んでいた日野に対し、航空機について学び始めたばかりの徳川の

図１　日野熊蔵（左）と徳川好敏

図２　「日本航空発始之地」碑（東京都・代々木公園所在）

抜擢には、その出自が関わっていた。徳川は、一八八四年、徳川御三卿の一つ、清水徳川家の七代目当主である徳川篤守（とくがわあつもり）の嫡男（ちゃくなん）として生まれた。生まれた頃は裕福だった清水徳川家は、徳川が東京陸軍地方幼年学校で学ぶうちに、父篤守の不祥事により没落してしまった。徳川が航空への道を志し、周囲の者がそれを認めた背景には、航空機の導入に貢献することで家名を再興したいという彼の悲願があった。当時、飛行家は軽業師（かるわざし）のようなものだと思われていたので、航空を学ぶために留学すると聞いた親族は反対したが、徳川は、清水徳川家の再興のためには航空の将来性に賭けるしかないことを訴え、何とか了承を得ることができたのだった。

日野と徳川は、一九一〇年四月、購入する航空機を選定し、航空機操縦法を修得するようにとの訓令を受けて、ヨーロッパへと旅立った。ヨーロッパ滞在中、二人はフランスのアンリ・ファルマン飛行学校で操縦を学び、日野はドイツ製のハンス・グラーデ単葉機とアメリカ系のライト複葉機を、徳川はフランス製のアンリ・ファルマン複葉機とブレリオ単葉機を購入して、同年一〇月に帰国した。そして、同年一二月一九日、二人は、東京の陸軍代々木（よよぎ）練兵場（現在の代々木公園）で、国内での初飛行を成し遂げた。日野のハンス・グラーデ単葉機の記録は、飛行時間一分、最高飛行高度四五メートル、飛行距離一〇

図3　ハンス・グラーデ単葉機

図4　アンリ・ファルマン複葉機

〇〇メートル、徳川のアンリ・ファルマン複葉機は、飛行時間四分、最高飛行高度七〇メートル、飛行距離三〇〇〇メートルだった。

陸海軍の航空研究体制の整備

その後も臨時軍用気球研究会は、一九一一年四月に埼玉県入間郡所沢町（現在の所沢市）に、日本初の飛行場である所沢飛行試験所（のちの所沢陸軍飛行場）を開設するなど活動を続けたが、海軍および大学関係者がそれぞれ独立した研究体制を整えたため、次第に陸軍単独で運営されるようになっていった。

海軍では、一九一二年（大正元）六月に海軍航空術研究委員会を創設して、航空機の操縦や整備に携わる人員の養成、外国製航空機の購入、航空機の製造・研究などを行い、海軍独自の発展を計る体制を整備し、同年一〇月には神奈川県横須賀市に追浜飛行場を開設した。さらに一九一六年四月には、同委員会を発展的に解消して、横須賀海軍航空隊を創設した。海軍機は艦上において離発着することが求められるなど、軍事的要求が異なるというのが、独自の体制作りを進める海軍の言い分であった。

大学関係では、東京帝国大学が一九一六年に航空に関する基礎研究機関を開設するため、工科大学内に航空学調査委員会を設置し、臨時軍用気球研究会のメンバーでもある田中館愛橘（東京帝国大学理科大学教授）が、委員長に就任した。この委員会の審議を経て、一九一八年、東京市深川区（現在の東京都江東区）越中島に東京帝国大学航空研究所が開設され、工学部には航空学科が創設された。

さらに陸軍においても、一九一九年四月、航空に関する調査・研究、航空部隊の教育・訓練、航空機の製造・修理を担う陸軍航空部（一九二五年に陸軍航空本部と改称）が設立され、所沢陸軍飛行場に陸軍航空学校が設置された。陸海軍および大学関係者がそれぞれ独自に研究する体制を整えたため、臨時軍用気球研究会はその役目を終え、一九二〇年五月に廃止されることとなった。

また、一九二〇年八月には、軍事航空を除くすべての航空事業を指導、奨励、監督するため、内閣航空局が発足した。航空局は、当初、陸軍大臣の管理に属し、初代長官には陸軍次官の山梨半造（陸軍中将）が就任したが、その後、民間航空事業の発達にともない、一九二三年、運輸交通事業を所管する逓信省へと移管された。

民間航空機製造会社の誕生

航空機の製造は、当初、海外の航空機製造会社から軍が直接、製造権を購入して、陸軍東京砲兵工廠や横須賀海軍工廠などの官営製造機関で行っていた。その後、一九一〇年代後半から、陸軍および海軍は、航空機

表１　主な航空機製造会社

会　社　名	参入時期	創業者(創業母体)	詳　　細
中島飛行機	1917年(大正６)	中島知久平	1917年に飛行機研究所を設立して航空機の製造開始．同18年に日本飛行機製作所，同19年に中島飛行機製作所，同31年に中島飛行機へと改称．
三菱航空機	1917年(大正６)	三菱造船(のちの三菱重工業)	1917年に三菱造船が航空機用発動機の製造開始．同20年，三菱内燃機製造として独立．同21年に三菱内燃機，同28年に三菱航空機へと改称，同34年に三菱重工業と合併．
川崎航空機工業	1918年(大正７)	川崎造船所	1918年に川崎造船所が航空機の製造開始．同37年に川崎航空機工業として独立．
日立航空機	1918年(大正７)	東京瓦斯電気工業(いすゞ自動車の前身の一つ)	1918年に東京瓦斯電気工業が航空機用発動機の製造開始．同39年に日立航空機として独立．
愛知航空機	1920年(大正９)	愛知時計電機	1920年に愛知時計電機が航空機の製造開始．同43年に愛知航空機として独立．
川西飛行機	1920年(大正９)	川西清兵衛	1920年に川西機械製作所を設立して航空機の製造開始．同28年に川西飛行機として独立．
立川飛行機	1924年(大正13)	石川島造船所	1924年に石川島造船所が石川島飛行機製作所を設立して航空機の製造開始．同36年に立川飛行機へ改称．

図５　青島攻撃に向けて待機する海軍航空機（沙子口にて）

の製造を民間企業に委ねることを決め、航空機製造会社における生産を奨励するようになった。これは、航空機工業では技術革新が速く、欧米においても航空機の製造は民間企業で実施されていたからである。また、それまで自前で軍艦を建設してきた海軍では、国際的な戦艦建設競争の最中にあって、航空機の製造まで内部で行う余裕がなかったことも影響していた。

第一次世界大戦の実績により、航空機の兵器としての将来性が明らかとなったため、一九一〇年代後半以降、製造業各社は相次いで航空機製造事業へと乗り出すようになった。第一次世界大戦では、航空機が実戦に投入され重要な戦力となり、フランス・

ドイツ・イギリス・アメリカでは、航空機工業が急速に発達していた。日本でも、青島の戦いで陸海軍の航空隊が編成され、小規模ながらドイツの青島要塞や市街への偵察、爆撃を行っている。航空機工業は、高い技術力を必要とし、試作機の開発に失敗する可能性があるなどリスクも大きいが、今後の成長が見込め、軍部の援助も期待できる。第一次世界大戦後の戦後不況に苦しむ造船・機械などの企業にとっては、魅力的な産業分野だった。第二次世界大戦期の日本の航空機工業を代表する会社の多くは、この時期に誕生した。

中島飛行機

航空機製造会社のなかでも、三菱重工業と並んで最も有力となったのが、元海軍機関大尉の中島知久平が設立した中島飛行機である。中島知久平は群馬県新田郡尾島村（現在の太田市）の農家の長男として生まれ、小学校卒業後に上京し、一九〇七年、海軍機関学校を卒業して海軍に入った。海軍軍人としてフランス・アメリカなどの航空界を視察した中島は、航空機の軍事的重要性に着目するようになり、横須賀海軍工廠で航空機の開発・生産に携わり、飛行機工場の工場長にもなった。一九一七年一二月、海軍を退役すると、郷里に近い群馬県太田町（現在の太田市）に中島飛行機（当初の名称は飛行機研究所）を設立して、航空機の製造を開始した。航空機の将来性を高く評価し勇んで事業に乗り出した中島だったが、設立当初は、試作機が相次いで大破・損傷する

図6　中島知久平

図7　飛行機研究所

などトラブルに見舞われた。当時、日本国内は第一次世界大戦にともなう輸出の急増で好景気に沸いていたが、インフレも激しく米価の高騰によって各地で米騒動が起こっていた。こうしたなか、中島飛行機の窮状は、地元の太田町で「札（さつ）はだぶつく、お米は上がる、何でも上がる、上がらないぞい中島飛行機」と揶揄された。

中島飛行機が苦境から脱出することができたのは、軍部の手厚い援助のおかげだった。すでに創業当初から、陸軍は、アメリカのホールスコット社の発動機二基を中島飛行機に譲渡したり、試作機の試験飛行の際にテストパイロットを派遣したりして便宜を図っていたが、一九一九年二月に試作機の初飛行が成功すると、創業から一年ほどしかたたない中島飛行機に一度に二〇機の航空機を発注し、経営の安定化を支援した。また、同年一一月には、初代陸軍航空部本部長の井上幾太郎（いのうえいくたろう）（陸軍少将）が仲介して、中島飛行機と三井物産の提携が成立し、資金面の不安を解消するとともに、社会的な信用力をもたらした。こうした軍部からのさまざまな援助によって、中島飛行機の経営は、軌道に乗っていったのだった。

中島飛行機の初期の主力生産機種となったのが、甲式四型戦闘機（こうしきよんがたせんとうき）である。甲式四型戦闘機は、フランスのニューポール社の二九C一型戦闘機の製作権を中島飛行機が購入してライセンス生産したもので、一九二四年に制式採用され、陸軍の主力戦闘機となった。「制式採用」とは、軍の規格として兵器などを採用することで、厳密には、「準制式」「仮制式」「制式」の別があるが、本書では、これらをまとめて「制式」と呼ぶことにする。「甲式」という名称はライセンス元のメーカーを識別するもので、ニューポール社のことを指す。そのほかに、「乙式」はサルムソン社、「丙式」はスパッド社、「丁式」はファルマン社、「戊式」はコードロン社、「己式」はアンリオ社などと決まっていた。甲式四型戦闘機は、一九二三年から三二年までの一〇年にわたって計六〇八機が生産され、一九三一年に九一式（きゅういちしき）戦闘機が登場するまで、陸軍の主力戦闘機として用いられた。機体は木製で、胴体部分はモノコック構造を採用し、空気抵抗の少ない流線型となっていた。モノコック構造とは、骨組みで強度を保つのではなく、卵

図８　甲式四型戦闘機

の殻のように外板だけで強度を保つ仕組みである。複葉機で、最大速度は時速二三二キロだった。

外国人技術者の招聘

一九二〇年代前半、国内での航空技術の向上を受けて、軍部は、航空機の国産化方針を打ち出した。当時、外国機のライセンス生産が軌道に乗り、民間航空機製造会社による生産は増加しつつあったが、日本の地勢にあった航空軍備を整備し戦時の補給を円滑に行うためには、航空機を国内で設計・試作する体制を構築することが必要だった。一九二四年四月、陸軍は「航空部管掌機材審査方針」を定め、兵器独立の大方針に基づき、国内で製作できるかどうかを考慮して審査する旨を明示した。これは、航空機の国産化方針を公式に決定したものだった。

しかし、民間の航空機製造会社には、まだ独力で第一線の航空機を試作するだけの技術力が備わっていなかった。一九二〇年代前半、海外では、木製の航空機に代わって金属製の航空機が発達しつつあったが、日本の航空機製造会社が独力で金属製の航空機を試作することは難しかった。第一次世界大戦期の欧米諸国では、航空機が大規模に実戦で使用され、航空技術を著しく発展させたのに対して、日本では、戦時期における航空機材の輸入途絶の影響から立ち遅れが目立ち、技術力の差は歴然としていた。

表2　1920年代に各社が招聘した主な技術者

招聘した会社	技術者	出身国	滞　在　時　期
三菱内燃機	ハーバード・スミス	イギリス	1921(大正10)〜24年
	アレキサンダー・バウマン	ドイツ	1925(大正14)〜27年(昭和2)
川崎航空機工業	リヒャルト・フォークト	ドイツ	1924(大正13)〜33年(昭和8)
中島飛行機	アンドレ・マリー	フランス	1925(大正14)〜28年(昭和3)
	ロバン	フランス	1925(大正14)〜28年(昭和3)
石川島飛行機製作所	グスターブ・ラッハマン	ドイツ	1926(昭和元)〜28年

（出典）　土井武夫『飛行機設計50年の回想』(酣灯社，1989年)をもとに作成.

このため軍部は、航空機製造会社に対し外国の製造会社との技術提携を指導し、海外技術の急速な導入を計った。各社は、外国人の技術者を招聘して、航空機の試作能力の向上に努めた。一九二〇年代に訪日した技術者には、ドイツ出身者が目立つ。ドイツでは第一次世界大戦後、ベルサイユ条約によって軍用機の製作が禁止されたため、多くの優秀な技術者が日本へと渡ってきたのである。

競争試作

一九二〇年代後半になると、軍部は、国内の航空機製造会社での試作を促すため、競争試作を実施した。競争試作とは、軍部の示した試作方針をもとに、複数の航空機製造会社に試作機の製作を行わせ、そのなかで最も優秀な航空機を制式採用する制度である。競争試作の制度は、航空先進国のイギリス・フランスの事例にならうもので、各社における試作費用を軍部が負担することで航空機製造会社の経済的負担を押さえつつ、企業間の競争により、試作力の向上を促そうとするものだった。陸軍は、一九二六年（昭和元）に、次期偵察機について初めて競争試作を実施した。また海軍も同年、次期艦上戦闘機について初の競争試作を実施している。

陸軍初の競争試作で開発されたのが、八八式偵察機である。八八式偵察機は、当時としては近代的な骨格構造を持つ乗員二名の偵察機で、国内の航空機製造会社が設計し成功し

図9　八八式偵察機

た初期の代表的な航空機だった。「八八式」という名称は、皇紀二五八八年（一九二八）に制式採用されたことから、下二桁の数字を取って名づけられたものである。八八式偵察機の開発は、一九二六年春に始まった。陸軍が川崎航空機工業・三菱内燃機（のちの三菱航空機）・石川島飛行機製作所の三社に対して、次期偵察機の試作を命じたのである。試作機に対する陸軍の要求は、最大速度が時速二〇〇キロ以上、上昇限度が六〇〇〇メートル以上であった。

川崎航空機工業における試作機の設計主務者は、ドイツ人技術者のリヒャルト・フォークト博士が務めた。川崎航空機工業では、一九二四年にドイツのドルニエ社と全金属製航空機の製作について技術提携を行い、陸軍の指導のもと、ドルニエ社に全金属製重爆撃機の設計を委託し、その組み立てを日本で行うという契約を締結していた。この契約に基づいてドルニエ社から派遣されたのがフォークト博士だった。契約では、全金属製航空機の設計技術を修得するため、川崎航空機工業からドルニエ社に技師を派遣して技術習得を図るとともに、ドルニエ社から川崎航空機工業に数名の技術者を招聘して、全金属製航空機を製作するための技術指導を受けることとなっていた。

フォークト博士

フォークト博士は、少年時代からものづくりに興味を持ち、高校在学中には独学で航空機の製作に熱中し、第一次世界大戦では、航空機パイロットとして前線で戦ったのち、飛行船で有名なツェッペリン社に入社し、航空機部門で航空機の設計に携わった。終戦後は、シュツゥットガルト工科大学に入学し、工学士の資格を得たのち、大型機の設計で著名なアレキサンダー・バウマン教授のもとで助手を務めながら研究を続け、博士号を取得した。一九二四年秋に来日した時は二九歳の若さだった。船で横浜港に到着した博士は、前年に起こった関東大震災の跡を見て驚いたが、川崎航空機工業のある神戸が横浜から五〇〇キロ離れていると聞いて安心したという。

フォークト博士の競争相手として、三菱内燃機と石川島飛行機製作所で試作機の設計を担当したのもドイツ人の技術者だった。三菱内燃機ではアレキサンダー・バウマン教授が、石川島飛行機製作所ではグスターブ・ラッハマン博士が、試作機の設計主務者を務めた。

バウマン教授は、三菱内燃機からの度重なる依頼を受けて、一九二五年夏、シュツゥットガルト工科大学から二年間の休暇を取って来日していた。シュツゥットガルト工科大学でバウマン教授に学び、教授のもとで助手とした働いたことのあるフォークト博士は、この偶然のめぐり合わせに驚いている。また、ラッハマン博士は、揚力(ようりょく)を増大するため主翼前縁にある「スラット」と呼ばれる装置を開発したことで知られる技術者で、一九二六年に来日したばかりだった。

フォークト博士は、一九二六年春、次期偵察機の設計を開始した。発動機は、ドイツのBMW社製の水冷発動機を川崎航空機工業がライセンス生産したべ式四五〇馬力発動機を使用した。設計は、主にフォークト博士とともに来日した五人のドイツ人技師が担当し、細部を川崎航空機工業の日本人技術者が担った。機体は全金属製ではなく、主翼や胴体の骨格に特殊鋼やジュラルミンなどの金属を用いつつ、胴体側面の一部を布張りにするなどして金属使用量を減らす工夫を施していた。翼は、ドイツのゲッチンゲン大学で開発した翼型を用いた。一九二〇年代後半の日本には、翼の研究に必要な風洞がほとんどなかったため、翼の模型製作と風洞での試験はゲッチンゲン大学に依頼し、フォークト博士も一時帰国して試験の実施に立ち会った。風洞とは、空気の流れを人工的に作り、航空機の翼などの空気力学的な性質を調べるための装置である。こうして一九二七年一月には、一号機が完成し、岐阜県の各務原（かがみがはら）飛行場で試験飛行を開始した。

フォークト博士は、一九二七年三月頃から陸軍の軽爆撃機の設計も始めたため、兵庫県神戸市にある川崎航空機工業神戸工場と、埼玉県所沢市の所沢陸軍飛行場に、交互に三週間ずつ滞在して設計の指導にあたった。所沢に行く際には、東京の帝国ホテルを定宿とした。同時期、帝国ホテルには、川西（かわにし）機械製作所の招聘で来日していたハンガリー出身の航空工学者、テオドール・フォン・カルマン教授も滞在しており、二人は親しい友人となった。二人はいっしょに朝食を取り、カルマン博士は東京帝国大学航空研究所に、フォークト博士は、自動車で新宿駅まで送ってもらい、一時間ほど急行に乗って所沢陸軍飛行場まで行っていたという。

経営危機下の審査飛行

一九二七年七月、川崎航空機工業・三菱内燃機・石川島飛行機製作所の三社の試作機は所沢陸軍飛行場に集められ、審査飛行が行われることになった。当時、川崎航空機工業は、一九二七年四月の昭和金融恐慌の余波で、親会社である川崎造船所が深刻な経営危機下にあった。主取引銀行である十五銀行の破綻を受け、川崎造船所は資金繰りが悪化し、本社や主要工場が仮差押えされ、事業の分割や人員解雇が議論されていた。川崎航空機工業の技術者たちにとっては、逆境のなかで迎えた審査だった。

試作機の審査はきわめて厳格に実施され、不具合があっても各社で修理することは認められず、他社の試作機に近づくことも許されなかった。審査中、石川島飛行機製作所の試作機は、空中で補助翼が飛散する事故を起こし、三菱内燃機の試作機も脚（きゃく）の故障のため着陸時に事故を起こしたが、川崎航空機工業の試作機は無事故だった。また、速度に関しても、川崎航空機工業の時速二四〇キロが最速だった。総合判定の結果、機体強度などに優れた川崎航空機工業の試作機が審査に合格し、一九二八年二月、八八式偵察機として制式採用された。採用の際には、陸軍から川崎航空機工業に賞金二〇万円が授与され、同社は、これを原資に従業員に報奨金を支給した。親会社が経営危機に陥るなかでの快挙だった。

日本人技術者の養成

八八式偵察機は、外国人技術者を設計主務者としたものであったが、国内で設計し成功した初期の代表的な航空機となった。その後、一九二九年四月には、爆撃機に改修され八八式軽爆撃機としても制式採用された。発動機の故障が少なく、機体も丈夫なことから、整備しやすい航空機として現場で高い評価を受け、満洲事変から日中戦争初期まで、陸軍の主力偵察機として用いられた。八八式偵察機の生産数は、川崎航空機工業で五二三機、石川島飛行機製作所で一八七機の合計七一〇機に達した。八八式軽爆撃機は、川崎航空機工業で三七〇機、石川島飛行機製作所で三七機の合計四〇七機だった。八八式偵察機の成功により、それまで無名だったフォークト博士の名前は、世界的に知られるようになった。

外国人技術者の招聘は、軍部の目論見どおり、日本人技術者の養成につながった。川崎航空機工業では、フォークト博士のもとで設計に携わった土井武夫（どいたけお）が、その後、二式（にしき）複座戦闘機「屠龍（とりゅう）」・三式（さんしき）戦闘機「飛燕（ひえん）」など、多くの航空機の設計主務者となった。同様に、三菱内燃機のバウマン教授のもとでは、九二式（きゅうにしき）重爆撃機の設計主務者となる仲田信四郎、零式（れいしき）艦上戦闘機の設計で有名となる堀越二郎（ほりこしじろう）などが設計に携わった。また、中島飛行機のマリー技師とロバン技師のもとでは、のちに九七式（きゅうななしき）戦闘機・一式（いっしき）戦闘機「隼（はやぶさ）」・二式戦闘機「鍾馗（しょうき）」・四式（よんしき）戦闘機「疾風（はやて）」などの設計主務者となる小山悌（こやまやすし）や、九四式（きゅうよんしき）偵察機の設計主務者となる大和田繁次郎が設計に加わっていた。のちに設計者として活躍する技術者の多くは、この時期、招聘された外国人技術者の助手として働いたのである。

発動機の国産化

機体に続いて、一九三〇年代初めには、発動機の国産化も達成された。ここでは、中島飛行機が開発した初の国産発動機である「寿（ことぶき）」発動機について見ていく。高度な技術力を要する航空機用の発動機の開発は難しく、中島飛行機が発動機の本格生産に乗り出したのは、創業から七年が経過した一九二四年になってからだった。まず、フランスのローレン社から水冷発動機の製造権を取得し、同社から招いた三人の技術者から二年間にわたり技術指導を受けながら生産にあたった。さらに、一九二五年には、イギリスのブリストル社の空冷発動機ジュピターの製造権を取得し、ブリストル社の指導を受けて生産を行った。

ライセンス生産を実施するなかで技術力を高めた中島飛行機は、ついに一九二九年末頃より独自の発動機開発に着手し、三〇年六月には試作第一号を完成した。試作発動機は、一九三一年、海軍において「寿」発動機として制式採用され、九〇式（きゅうまるしき）艦上戦闘機・九六（きゅうろく）式（しき）艦上戦闘機・九七式戦闘機などに搭載された。「寿」発動機の生産は、改良を重ねながら四三年まで続き、合計生産数は、約七〇〇〇基に達した。

以上見てきたように、一九三〇年代前半までに、航空機の機体および発動機を国内で設計・製造することができるようになった。これは、日本の国防方針や用兵思想に沿った独自の航空機の開発が可能となったことを意味する。それでは、当時の日本の国防方針や用兵思想は、どのようなものだったのだろうか。次節以降で示すように、当時の日本では、陸軍と海軍の間に統一した国防方針や用兵思想は存在しなかった。それぞれ独自の国防方針や用兵思想を持ち、そのなかに航空兵器を位置づけていたために、陸海軍は、それぞれ異なる特徴を持つ航空機の開発を進めていくこととなる。

陸軍の用兵思想

対ソ白兵戦

明治期以来、陸軍にとっての仮想敵国は、一貫してロシア（ソ連）だった。一九〇四年（明治三七）から〇五年の日露戦争では、朝鮮・満洲（中国東北部）の支配をめぐり、実際に総力をあげて戦った。また、一九一七年に起こったロシア革命後にも、シベリア出兵を行っている。革命による混乱で一時的にロシアの軍事力が低下し、戦争の起こる可能性が減退した時期もあったが、ソ連の軍備増強が進むと、改めて最大の脅威と目されるようになった。このため、航空兵器を含めた陸軍のあらゆる軍備は、主に対ロシア戦を想定して準備された。

陸軍では、ロシアを仮想敵国とする基本方針のもとで、具体的な作戦計画を描き出していた。陸軍の作戦計画の特徴は、攻勢主義を根本にすえたことだった。攻勢主義とは、自らの勢力圏の内側を戦場とするのではなく、自らの勢力圏の外側で敵国軍に先制攻撃を行おうとする考え方である。陸軍の作戦計画では、ロシアの勢力圏もしくは領土内に進攻して戦うこととなっており、航空機の開発も、こうした作戦計画に基づいて行われた。

戦場での戦い方は、歩兵による白兵突撃を重視した。白兵突撃とは、銃剣などの白刃を装備した歩兵が敵陣に突入することである。陸上における戦闘では、白兵突撃によって最終的な勝敗の決着がつくとされ、騎兵・砲兵・工兵・航空兵など歩兵以外の兵科（職能別の兵の種別）は、歩兵の攻撃を支援するものとして編成された。つまり、陸軍における航空兵力の位置づけは、地上作戦の掩護戦力であり、航空部隊の役割は、歩兵の戦闘を補助し、地上作戦を円滑に進めることだった。地上作戦に頼らず、航空兵力だけで敵国の都市や軍需工場などを破壊し戦争の勝敗を決する戦略爆撃のような発想は、ほとんど生まれなかった。

航空撃滅戦

陸軍が初めて航空兵器についての研究方針を定めたのは、陸軍航空本部が「陸軍航空本部機材研究方針」を制定した一九三三年（昭和八）一〇月のことである。それ以前は、航空本部長が毎年度、航空本部技術部に達する「審査研究に関

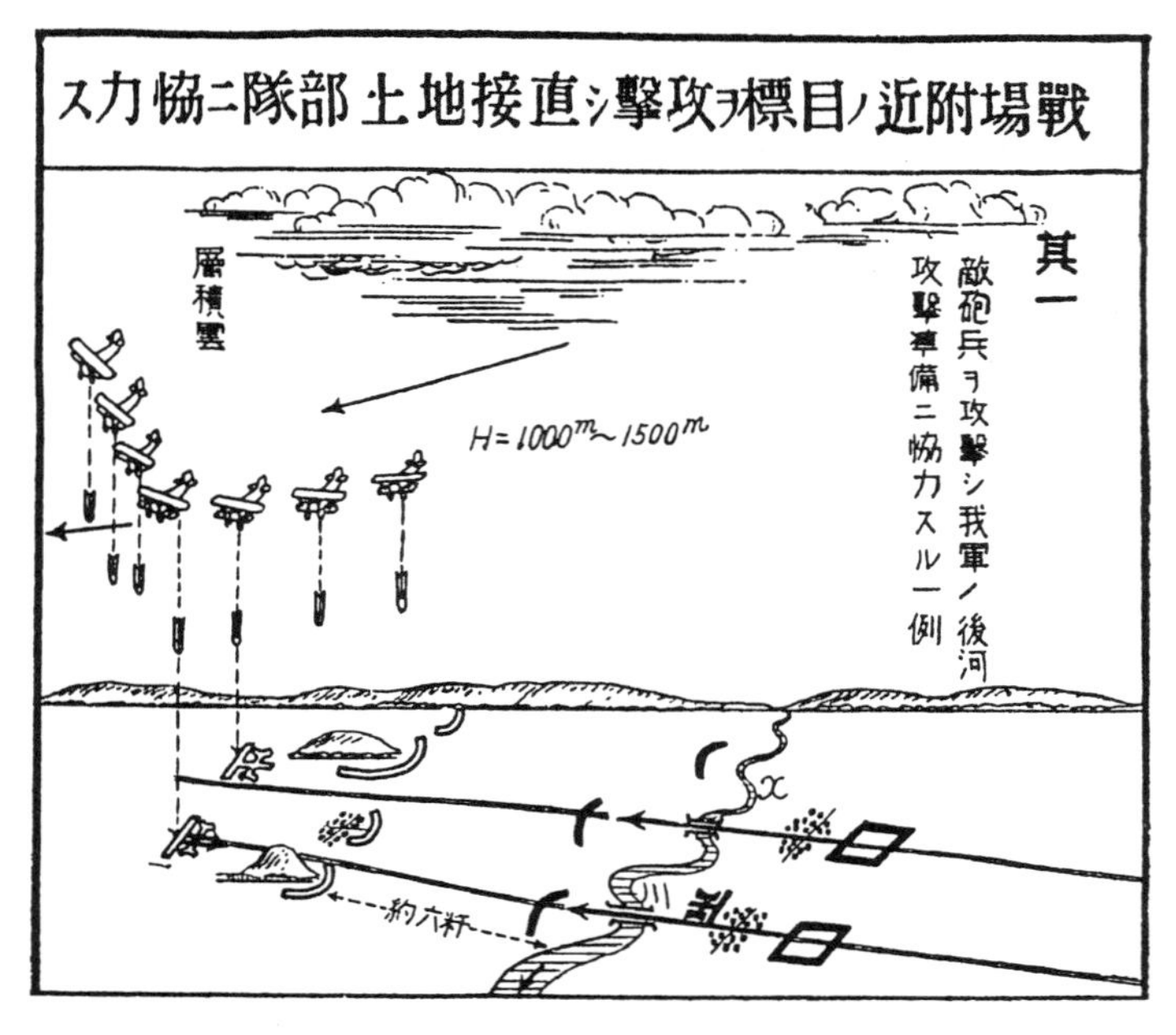

図10　航空部隊の用法例（『偕行社記事』
第695号附録〈1932年８月〉より）

する特別指示」に基づいて研究審査が行われており、長期的な研究方針は示されていなかった。これは、外国機の輸入や招聘外国人技師の設計に依存していたため、長期的な研究方針を制定することができなかったからである。一九三三年の研究方針では、航空兵器は地上作戦に直接的に協力するという用兵思想に沿って、重爆撃機・軽爆撃機・偵察機・戦闘機などの個々の機種ごとに必要な性能を定めた。ここで直接的な協力とは、地上部隊の戦闘を掩護するため、敵の地上部隊を偵察したり、砲撃の着弾点を観測したり、地上決戦時に敵部隊を攻撃したりするといったものである。この研究方針に基づいて、九三式重爆撃機・九三式軽爆撃機・九四式偵察機・九五式戦闘機の開発が進められた。

「研究方針」は、その後、航空技術の発展に応じて、一九三五年・三七年・三八年・四〇年・四三年に改正された。また、一九三七年以降は「陸軍航空本部機材研究方針」ではなく「陸軍航空本部航空兵器研究方針」という名称となった。一九三五年の「陸軍航空本部機材研究方針」（防衛庁防衛研修所戦史室編『戦史叢書　第八七巻　陸軍航空兵器の開発・生産・補給』所収）では、地上作戦への直接的な協力という従来の考え方を転換し、航空撃滅戦を重視する方針を打ち出した。ここでいう航空撃滅戦とは、開戦後、速やかに航空部隊の主力をもってソ連の沿海州（シベリア南東部）の空軍基地を先制急襲して、敵の航空部隊を一挙に撃滅するという作戦計画である。用兵思想の転換にともない、重爆撃機の用途は、それまでの重要施設などの破壊を主目的とするものから、敵飛行場の攻撃を主目的とするものへと改められた。

航空撃滅戦の考え方は、従来の地上作戦への直接的な協力とは異なるが、航空兵力を地上作戦の掩護戦力とする考え方の枠内に留まるものだった。航空兵力の最終的な使命は、あくまで地上作戦への協力であり、地上部隊の進攻に先立って敵の航空部隊を撃破するのは、地上部隊の作戦を円滑に行うためであった。陸軍では、航空撃滅戦の思想のもと、比較的近距離の敵飛行場を攻撃目標とする軍備を整えていった。爆撃機の開発では、とりわけ速度を重視し、航続距離についての要求は海軍機と比べて短かった。一九三七年の「陸軍航空本部航空兵器研究方針」（前掲書所収）では、単座戦闘機・複座戦闘機・軽爆撃機・重爆撃機・超重爆撃機・偵察機などについて必要な性能を定めたが、重爆撃機の行動半径は、標準爆弾量七五〇キロを搭載して六〇〇キロにすぎなかった。同様に、単座戦闘機の行動半径も、落下式の燃料タンクを用いない標準でわずか三〇〇キロであった。

九七式重爆撃機

航空撃滅戦の用兵思想に基づいて開発された代表的な航空機に、九七式重爆撃機がある。

図11　九七式重爆撃機（朝日新聞社提供）

一九三六年二月、陸軍は、九三式重爆撃機に代わる次期爆撃機の競争試作のため、三菱重工業・中島飛行機の二社に試作機の開発を指示した。陸軍の要求は、双発単葉、航続時間は時速三〇〇キロで五時間以上、最高速度は時速四〇〇キロ以上、爆弾搭載量は標準で七五〇キロ、最大で一〇〇〇キロというものだった。航続距離は一五〇〇キロ程度と比較的短く、爆弾搭載量も少なめだったが、速度に対する要求は非常に高かった。これは、敵地に侵入して爆撃を行い、迎撃してくる敵戦闘機を振り切って離脱するためであった。

三菱重工業で試作機の設計主務者となったのは、バウマン教授のもとで設計に携わってきた仲田信四郎だった。一九三六年一二月に三菱重工業の試作機が、翌年三月には中島飛行機の試作機が完成し、試作機の審査が始まった。両社の試作機はともに自社製の発動機を搭載していたため、試験飛行には両社から機体および発動機の関係者が多数集まり、社をあげての競合となった。両機の性能に大きな違いはなく、結局、機体は三菱重工業で開発したものを、発動機は中島飛行機のものをそれぞれ用いることとなり、一九三七年、九七式重爆撃機として制式採用された。

九七式重爆撃機は陸軍初の流線型重爆撃機で、最高速度は時速四三二キロと当時としては非常に高い性能を持っており、日中戦争中期から太平洋戦争中期まで、陸軍の主力重爆撃機として用いられた。改修をほどこしながら一九四四年九月まで生産が続けられ、生産機数は、三菱重工業で一七一三機、中島飛行機で三五一機、合計二〇六四機に達した。

ノモンハン事件

航空撃滅戦の考え方は、実戦でも用いられ、一定の戦果をあげた。陸軍の航空部隊が近代的な軍備を持つ相手に対して航空撃滅戦を行ったのは、一九三九年五月から九月に起こったノモンハン事件が最初である。ノモンハン事件は、日本の傀儡（かいらい）国家だった「満洲国」とソ連の従属国だったモンゴル人民共和国の国境付近で、日本軍とソ連軍が争った事件だった。一九三〇年代、「満洲国」とソ連およびモンゴル人民共和国の間では、国境紛争が頻発していたが、ノモンハン事件は、そのなかでも最大規模の軍事的衝突であり、両軍でそれぞれ数万人の兵力が動員された。第一次世界大戦に大規模に参戦しなかった陸軍にとっては、初めて戦う近代戦だった。ソ連軍が投入した大量の戦車・装甲車などの機械化部隊に対して日本軍は苦戦を強いられ、八月のソ連軍の攻勢を受け敗退し、九月に停戦が成立した。

ノモンハン事件では、航空作戦は、地上作戦への直接的な協力が中心であり、航空部隊は、戦場制空、渡河(とか)援護、敵陣地の偵察および爆撃、指揮連絡、患者輸送などに任じた。これは、航空関係者以外の陸軍主流の用兵思想が、地上作戦への協同を重視していたためだった。一方、限定的ではあったが、越境進攻して敵飛行場への爆撃も行われた。陸軍航空の作戦計画だったソ連に対する航空撃滅戦が、実戦において限定的ながら実施されたのである。ただし、ノモンハン事件では、航空部隊による爆撃対象は、日本の主張する国境から五〇キロほどに位置するモンゴル領タムスクなどごく近郊の飛行場に限られた。これは、陸軍中央が、事件の拡大が日ソ間の全面戦争につながることを恐れて、不拡大方針を取り、関東軍による敵根拠地への爆撃を禁止したためであった。爆撃の戦果については諸説あるが、量的に優位にあったソ連の航空部隊の攻勢を打ち砕くほどの効果はなく、爆撃後もソ連側の量的優位は揺るがなかった。

図12　九七式戦闘機

ノモンハン事件での航空戦における戦果の多くは、当時、主力戦闘機としての配備が進んでいた九七式戦闘機によるものだった。九七式戦闘機は、陸軍初の低翼単葉の戦闘機で、機体重量が軽く、格闘性能に優れており、太平洋戦争初期まで主力戦闘機として用いられた陸軍の代表的な戦闘機である。当時、関東軍では、新鋭の九七式戦闘機への機種改編を終えたところだった。一方、航空撃滅戦の中心となると思われた爆撃機による戦果は、比較的少なかった。これは、積極的な侵攻作戦を禁じられた特殊な条件下での戦闘で、直接的な地上作戦への協力が航空作戦の中心だったことも一因だが、爆撃機による攻撃の命中精度が低く、タムスクなどへの空襲における戦果が乏しかったことも影響している。敵の航空部隊を一挙に撃滅するという航空撃滅戦を文字どおりに実行することは、当時の爆撃部隊の実力からみて難しかったのである。

南方向けの航空機開発

ソ連に対する航空撃滅戦を目的とした航空兵器の開発は、一九四〇年半ばまで続けられた。一九四〇年四月の「陸軍航空兵器研究方針」(防衛省防衛研究所所蔵『陸機密大日記　昭和十五年』所収)では、各機種の要求性能問題なく性能発揮できるようにすることを明記している。満洲周辺などの寒冷地での航空撃滅戦が研究開発の大前程と見なされていたのである。こうした方針のもとで各機種の使用を取り扱う前段で、全体的な方針として、航空撃滅戦に重点を置くこと、極寒時の作戦に目的も定められ、重爆撃機は、敵飛行場にある航空機および諸施設の破壊ならびに地上軍隊の攻撃に用いること、軽爆撃機は、主として敵飛行場にある航空機ならびに地上軍隊の攻撃に用いることと記されていた。また、戦闘機・爆撃機などに要求された航続距離も比較的短く、戦闘機の行動半径は標準で三〇〇キロ、重爆撃機の行動半径は、標準爆弾量五〇〇トンを搭載して一〇〇〇キロであった。

マレー半島など南方に向けて進攻するための軍備が本格化するのは、一九四〇年後半になってからで、十分な軍備を整える時間的余裕のないまま開戦へと突き進んでいくこととなった。一九四〇年夏、陸軍中央では、開戦直後に予定されるマレー方面の航空作戦につ

図13　一式戦闘機「隼」

いて研究した結果、戦闘機の航続力が乏しいことが作戦の大きな障害となることが判明し、急遽、南方向けの航空機開発が喫緊の課題となった。これから新しい航空機の開発を一から始めるのでは、完成するのは数年後になってしまう。このため、格闘性能が低いとして一度不合格にした試作機（試作名称キ—四三）を急遽、再検討することを決定した。キ—四三試作機は、格闘性能に優れた九七式戦闘機の後継機として中島飛行機が開発した戦闘機で、陸軍の要求を受けて、速度の向上と武装強化を重視して設計されたが、九七式戦闘機に旋回戦闘で勝つことができなかったため、後継機種が在来機種に劣るのでは採用する価値がないと判定されていた。航続力を重視する方針のもと、改めてキ—四三試作機を検討してみると、行動半径は、落下タンクを使用して七〇〇キロ程度まで延長できることがわかり、一九四一年四月に一式戦闘機として制式採用された（通称「隼」）。一式戦闘機は、陸軍を代表する戦闘機となり、生産数は、零式艦上戦闘機（通称「ゼロ戦」）に次ぐ五七〇〇機に達した。

陸軍の戦闘機としては長大な航続距離を持つ一式戦闘機であったが、南方作戦で用いるには航続力がまだ足りなかった。太平洋戦争開戦以前に日本軍が進駐していた南部仏印（フランス領インドシナの南部、現在のベトナム南部とカンボジア）からシンガポールまでの距離は約一〇〇〇キロあり、一式戦闘機の航続力では、シンガポール近郊への地上部隊の上陸を支援することは不可能だったのである。このため、南部仏印から六〇〇キロほどのマレー半島北東部のイギリス領コタバルおよびタイ領シンゴラに、まず地上部隊を上陸させ、シンガポールまで南進させるほかなかった。また、事前に航空撃滅戦を行い制空権を得てから上陸するという正攻法を取ることもできず、開戦の火ぶたは、地上部隊の奇襲上陸により切って落とされることとなった。

海軍の用兵思想

艦隊決戦時の補助兵力

陸軍がロシア（ソ連）を仮想敵国としたのに対して、海軍は、日露戦争以降、アメリカを仮想敵国として軍備を拡張した。日露戦争後、ロシア海軍が弱体化するなか、海軍の目標となりえたのは、太平洋をはさんで対峙するアメリカ海軍だけだった。日本とロシアの関係とは異なり、日本とアメリカとの間には、当初は、勢力圏をめぐる差し迫った対立は存在しなかった。しかし、日露戦争後の世界的な軍拡競争のもとで、アメリカと日本は、ほかの列強とともに互いに競い合いながら海軍力の増強を進めた。

日本海軍が想定する対米作戦構想は、開戦初期に東洋に配備されているアメリカ艦隊を制圧し、その後、アメリカの主力艦隊が日本近海に来航するのを待って迎え撃つというものであった。この作戦構想は、日露戦争において、まず旅順（りょじゅん）およびウラジオストクのロシア艦隊を撃滅し、ついで、日本近海に進出してきたロシアの主力バルチック艦隊に対し、日本海軍の総力をあげて決戦を挑み勝利した、日本海海戦の戦例に基づいている。日露戦争の勝敗が、日本海海戦での主力艦隊同士の決戦で決まったように、対米作戦では、日本近海に進出してきたアメリカ艦隊との艦隊決戦により、最終的な勝敗が決するものと考えられていた。一九三〇年代半ばまで、海上の主戦力は、大型の大砲を搭載し重装甲を備えた戦艦だった。艦隊決戦時に主力となるのも戦艦であり、海軍の軍備では、敵国より少しでも優位な戦艦の建設が重視された。

こうした艦隊決戦の考えのもと、一九三〇年代半ばまで日本海軍は、航空戦力を、艦隊決戦時に主力艦を支援する補助戦力と捉えていた。用兵の基本原則を定めた「海戦要務令（一九二八年改正）」（防衛庁防衛研修所戦史室編『戦史叢書　第九五巻　海軍航空概史』所収）では、航空部隊の戦闘は、友隊に協力して敵主隊を攻撃することを本旨とし、戦闘機隊をもって敵航空機を制圧しつつ、攻撃隊をもって敵艦隊を強襲することとなっている。一九三〇年代半ばまで、実際の航空部隊の研究演習も、主力の決戦に策応した攻撃に重点を置いて実施された。

初期の航空主兵論

このような艦隊決戦を主軸とする海軍主流の考え方に対し、第一次世界大戦前から、軍備の重点を戦艦ではなく航空機に移すべきだとする航空主兵論が現れていた。第一節で紹介した中島知久平（なかじまちくへい）（海軍大尉、のちの中島飛行機社長）が、一九一四年（大正三）に海軍航空技術研究委員会委員長の山内四郎（やまうちしろう）（海軍中佐）あてに提出した意見書「大正三年度予算配分に関する希望」（日本海軍航空史編纂委員会編『日本海軍航空史　第一巻』所収）である。意見書は、一九一四年度航空術研究予算二〇万円の使途について記述したものだが、このなかで中島は、「航空機構造に関する私見」として国防における航空兵器の意義を論じている。中島は、戦艦よりなる一つの艦隊建設に二億円から三億円の巨費を要する現「ドレッドノート戦策」は豊かな国の戦策だとし、資力に乏しい日本は、より経済的な軍備に基づく戦策を取るべきだと主張した。「ドレッドノート」とは、一九〇六年にイギリス海軍が建造した大型戦艦のことで、ここでいう「ドレッドノート戦策」とは、そうした大型戦艦（弩級（どきゅう）戦艦）を主戦力とする艦隊決戦の考え方を指す。

中島の奨励する戦策は、航空機の高度の利用による戦策だった。中島は、魚雷と機雷

（または爆弾）とを搭載した多数の航空機は、必ず戦艦に対しても「相当の損害」を与えるに違いない。今後さらに航空機の構造と航空戦術が進歩すれば、「相当の損害」は必ず「想像を絶する損害」へと変わるに違いないと断じた。軍備の重点を戦艦から航空機に移すべきだとする中島の主張は、戦艦建造競争に明け暮れる海軍の主流の軍事思想とは、まったく異質の思想であり、受け入れられることはなかった。

航空機の評価が低くかった背景には、航空部隊の実績の乏しさがあった。第一節で触れたように、第一次世界大戦では、海軍の航空部隊が青島（チンタオ）攻略戦に参加し、偵察や爆撃を行ったが、一隻の船舶も撃沈させることはできなかった。まして戦艦に対する威力は未知数だった。一九二〇年代初頭に、アメリカ海軍が航空機を用いた旧式戦艦に対する爆撃実験を行い注目を集めると、一九二四年七月、日本海軍も旧式戦艦石見（いわみ）（旧ロシア戦艦アリヨール、常備排水量一三五〇〇トン）に対する爆撃実験を実施した。実験は、伊豆半島と房総半島の間に位置する相模灘（さがみなだ）に漂泊する戦艦石見に対して行われ、二四〇キロ爆弾三発の有効弾によって、三時間四〇分で沈没させることができた。実験は海軍航空関係者の士気を高めたが、戦艦重視の方針を変える効果はなかった。石見の実験に対して多くの海軍将校は、天候良好ななか漂泊する無抵抗な標的に対する爆撃だと批判し、高速度で移動し、戦闘機や高角砲で護衛された防御力強固な最新の戦艦には通用しないと主張した。その後も爆撃実験が繰り返し行われたが、航空兵力の評価をめぐる議論は平行線のままであった。

航空軍備の充実

航空部隊は、補助兵力という位置づけを脱しないままだったが、一九二二年のワシントン海軍軍縮条約および三〇年（昭和五）のロンドン海軍軍縮条約において、軍艦の製造が制限されたことを受け、航空兵力の軍備拡張が進められた。特にロンドン海軍軍縮条約の締結により、ワシントン海軍軍縮条約における主力艦の対英米六割制限に加えて、大型巡洋艦や潜水艦などの補助艦についても制限が設けられたことは、航空軍備を充実させる大きな要因となった。

海軍が想定する対米作戦構想では、大型巡洋艦が重要な役割を果たすこととなっていた。日本近海でアメリカ艦隊を迎え撃つ「邀撃（ようげき）」作戦構想は、主力艦の数で劣勢にあることを補うため、二段構えの作戦だった。第一段階では、日本近海に向うアメリカ艦隊を補助艦による夜襲などによって「漸減（ざんげん）」する。こうして、事前にアメリカ艦隊の主力である戦艦を減らしたうえで、続く第二段階において、主力艦同士の艦隊決戦を行い、戦争の勝敗を決するという手はずだった。この「漸減邀撃」作戦構想において、第一段階の「漸減」の主力になると考えられたのが、大型巡洋艦であった。海軍は、ロンドン海軍軍縮条約により、自分たちの想定する対米作戦構想が破綻するのではないかと、危機感を強めた。

条約の抜け道として、海軍が着目したものの一つが航空兵力だった。ロンドン海軍軍縮条約で制限された大型巡洋艦に代わって、航空兵力によってアメリカ艦隊を攻撃し、第一段階の「漸減」を行おうというのである。この結果、海軍は、一九三一年に飛行隊一四隊、三四年にはさらに八隊の増設を決定した。海軍が航空兵力を重視したことは予算面にも現れ、一九三一年度には海軍予算が前年度比二〇パーセント以上減少するなかで、航空予算は九パーセント以上増加し、さらに一九三二年度からは三年連続で三〇パーセント以上の伸びを記録した（山田朗『軍備拡張の近代史』一九九七年）。

陸上攻撃機の開発

一九三〇年代前半は、それまでの技術導入の成果が結実し、優秀な国産機の試作が可能となった時期だった。海軍における航空機開発は、およそ三年おきに改定される「航空機機種及び性能標準」に基づいて行われた。「航空機機種及び性能標準」は、主に戦略上の要求をもとに海軍軍令部が発案し、海軍航空本部が技術廠や横須賀航空隊などの意見を参考にして、審議決定する。実際の航空機開発は、「航空機機種及び性能標準」をもとに、航空本部が試作機の「計画要求書案」を作り、航空機製造会社と相談したのち正式の「計画要求書」を決定する。「航空機機種及び性能標準」は一九二三年に初めて決定され、その後、二五年・三〇年・三二年・三六年・四一年・四三年に改訂された。

海軍では、一九三二年、最初の長期計画「三ヵ年試製計画」を策定し、海軍の作戦構想に沿った国産機の試作を航空機製造会社に命じた。計画では、一九三二年から三五年までに、水上偵察機・艦上戦闘機・艦上攻撃機・陸上攻撃機・飛行艇など、十数機種の試作を実施することとなっていた。主要機種の試作の多くは、複数の航空機製造会社による競争試作で行われた。また、外国技術の模倣ではなく、独自の設計が試みられた。この「三ヵ年試製計画」によって、九四式(きゅうよんしき)水上偵察機・九六式(きゅうろくしき)陸上攻撃機・九六式艦上戦闘機・九七式(きゅうななしき)艦上攻撃機・九七式飛行艇などが開発され、海軍の航空機は、それまでの複葉機から全金属製の単葉機へと近代化した。

「三ヵ年試製計画」の時期に、海軍の航空関係者が最も重視していたのが陸上攻撃機だった。陸上攻撃機とは、空母からではなく、陸上基地から発進する攻撃機である。日本海軍において、攻撃機というのは、魚雷を発射することができる機種を指す。ロンドン海軍軍縮条約で制限を受けた補助艦の劣勢を補うため、松山茂(まつやましげる)海軍中将(航空本部長)と山本(やまもと)五十六(いそろく)海軍少将(航空本部技術部長)が考え出したのが、陸上基地から発進して敵戦艦を

図14　九六式艦上戦闘機

図15　九七式艦上攻撃機

雷撃・爆撃するというアイデアで、この案の成否は、長大な航続力を持つ地上発進の攻撃機が開発できるかどうかにかかっていた。

海軍航空関係者の期待する陸上攻撃機のアイデアを現実のものにしたのが、九六式陸上攻撃機だった。九六式陸上攻撃機は、当初、八試（はちし）特殊偵察機という名称で、陸上基地から発進する遠距離偵察機として開発された。「八試」とは、先の「三ヵ年試製計画」に基づいて「昭和八年（一九三三）」に試作されたことを意味する。試作機の開発は、海軍の指示により、三菱航空機一社指名で行われた。

九六式陸上攻撃機

設計主務者として八試特殊偵察機の設計を担ったのが、東京帝国大学工学部航空学科の第四期生で、堀越二郎（ほりこしじろう）の一年先輩にあたる本庄季郎（ほんじょうきろう）（三菱航空機技師）である。本庄は、一九二六年に同学科を卒業し、三菱内燃機（のちの三菱航空機）に入社した。本庄が在学した当時の航空学科は、航空に関する学問自体がまだ十分に体系立てられておらず、講義も寄せ集めだったが、その分、自由で新鮮な雰囲気に満ちていたという。一学年の学生数は九名と少なく、教員との関係も親密だった。入社後は、海軍が招聘（しょうへい）したドイツ人技術者のカール・ヴィーゼルスベルガー博士の指導を受けながら、航空機製造会社で初となる風洞の設計製作に携わり、その後、九三式双（きゅうさんしき）

発軽爆撃機や九三式重爆撃機の設計を手伝っていたが、本格的に設計を担うのは初めてであった。小学校四年生で初めて模型飛行機を飛ばして以来、実際の航空機を作ることが夢だったという本庄は、入社八年目にして突然、設計主務者に抜擢され驚いたと、戦後回想している。

八試特殊偵察機の設計では、それまでの海軍機にない新技術が随所に導入された。本庄は、従来の設計の慣習を一から見直し、風洞実験などによって納得できたものだけを採用していった。翼には、当時、多くの航空機で用いられていたアメリカ航空諮問委員会（NACA、のちのNASA）が設計した翼断面形ではなく、イギリスのブラックバーン社から三菱航空機に派遣されたペティー技師が設計した翼断面形を使用した。この翼断面形を用いた別の試作機が期待した性能を示さなかったことから、海軍および社内の関係者からは反対意見が出たが、風洞実験でこの翼断面形の優秀さを確認した本庄は、まわりの反対を押し切って採用を決めた。また、着陸装置には、それまでの航空機で用いられていた固定式の脚ではなく、日本で初めて引込式の脚（きゃく）を採用した。引込式とは、離着陸時に用いる車輪付の脚を、飛行中は機内に引き込む方式である。

一九三四年に完成した八試特殊偵察機は、画期的な航続性能を持っていることがわかり、

図16　九六式陸上攻撃機

海軍の航空関係者を喜ばせた。山本五十六海軍少将は、自ら岐阜県の各務原飛行場まで出向き試乗するほどの熱の入れようだったという。高い評価を得た八試特殊偵察機は、本庄を設計主務者に、改めて陸上攻撃機として試作されることとなった。八試特殊偵察機を発展させた陸上攻撃機の試作機も高性能を実現し、一九三六年六月、九六式陸上攻撃機として制式採用された。

九六式陸上攻撃機は、航続距離二八五四キロ、戦闘行動半径一二〇〇キロと長大で、日本本土からミクロネシアのマリアナ諸島を経由して日本海軍の一大拠点だったトラック諸島（現在のチューク諸島）へと進出したり、台湾からフィリピンのルソン島全域へ進出したりすることが可能だった。それ以前に製作された九五式陸上攻撃機が大型攻撃機を略して「大攻」と呼ばれていたことから、後続機である一式陸上攻撃機とともに中型攻撃機を略して「中攻（ちゅうこう）」と呼ばれた。日中戦争から太平洋戦争初期まで、海軍の主力攻撃機として使用され、生産数は、試作機を含めて三菱重工業で六三六機、中島飛行機で四一二機、合計一〇四八機に達した。

九六式陸上攻撃機などの新鋭機の登場は、それまでまったくの補助的兵力であった基地航空隊の軍事上の価値を飛躍的に高めることとなった。

基地航空隊の整備

海軍初の基地航空隊は、一九一六年に設置された横須賀航空隊だった。海軍は、その後、一九二〇年に佐世保（させぼ）（長崎県）、二二年に霞ヶ浦（かすみがうら）（茨城県）・大村（長崎県）、三〇年に館山（たてやま）（千葉県）、三一年には呉（くれ）（広島県）に航空隊を設置し、以降も順次、増設を進めていった。これらの航空隊は、基地周辺の防衛ならびに沿岸近距離における艦隊作戦への協力を主任務とし、同時に艦上の航空部隊への補給源だと見なされていた。

しかし、基地航空隊には、独立した戦略単位として行動しうるという点で画期的な可能性が秘められていたのである。一九三七年七月の盧溝橋（ろこうきょう）事件後、基地航空隊により第一連合航空隊・第二連合航空隊が編成され、上海（シャンハイ）・南京（ナンキン）・漢口（かんこう）に進出し、制空権の獲得、要地への爆撃、陸戦協力作戦に従事した。この作戦は、陸戦協力以外は航空部隊独自の作戦だった。作戦の主力になったのは、前述した九六式陸上攻撃機である。九六式陸上攻撃

図17　横須賀海軍航空隊

図18　霞ヶ浦海軍航空隊

機は、長大な航続距離を生かして中国奥地への爆撃を行い、特に中国（国民党）が首都機能を移転した重慶に対しては、一九三八年一〇月以降、断続的な爆撃を繰り返し大きな打撃を与えた。しかし、民間人を含む多数の犠牲者を出した重慶爆撃は、国際的な批判と対日経済制裁をもたらし、航空機開発にも影響を与えることになる（詳しくは第三章）。

設立時、まったくの補助的な兵力にすぎなかった基地航空隊は、次第に艦隊作戦とは無関係に行動することができる航空兵力へと発展していった。基地航空隊の主力である九七式陸上攻撃機は、当初、艦隊決戦の枠内で漸減作戦を担うべく開発されたものであったが、基地航空部隊の独立性を高め、航空部隊単独で敵艦隊を激撃するという軍事思想を生み出す一因となった。

空軍独立論争

航空機の研究開発の進展と基地航空隊の整備を受けて、一九三〇年代半ばには、海軍の航空関係者から、再度、航空主兵論が噴出した。議論のきっかけとなったのは、「空軍独立」に関する陸海軍の論争であった。一九三五年にドイツが再軍備と空軍独立を宣言すると、日本でも陸軍が主導して、「空軍独立」論が盛り上がった。海軍は、用兵思想の違いや政治力の強い陸軍に主導権を取られることを危惧して、陸軍主導の「空軍独立」論に反対した。一九三七年四月に海軍軍令部は、「海軍の立場よ

図19　重慶爆撃に向かう海軍航空部隊

り見たる空軍の独立について」（防衛省防衛研究所所蔵『海軍一般史料　航空部隊　航空本部』所収）と題する文章を発表し、航空兵力は艦隊に欠くことのできない重要な補助兵力だとして、主に用兵上の見地から「空軍独立」に異を唱えた。この海軍軍令部の文書に対し、海軍航空本部は「航空軍備に関する研究」（前掲史料所収）と題する文書を配布し、航空兵力の位置づけの再検討を求めたのである。文書の起案者は、山本五十六（航空本部長）の腹心の部下である大西滝治郎（おおにしたきじろう）（海軍航空本部教育部長、海軍大佐）だった。

「航空軍備に関する研究」は、近い将来において艦艇兵力を主体とする艦隊（空母等随伴航空兵力を含む）は基地大型機よりなる優勢な航空兵力の威力範囲（半径一八五二キロ）においては制海権保障の権力となることができないと述べ、将来的には、強大精鋭の大型基地航空機を整備すれば、日本領土近海である西太平洋においては、船舶を主体とする敵の進攻作戦はほとんど不可能であるとした。そして、日本近海に関する限り、敵国との水上艦船の比率は、ほとんど問題にならないと断じた。航空本部の主張は、航空兵力こそが主戦力だとする完全な航空主兵論だった。

さらに航空本部は、独立した戦略単位である「純正空軍」の建設を主張した。航空本部の主張する「純正空軍」とは、陸方面においては政略的見地より敵国政治経済の中枢都市を、戦略的見地より軍需工業の中枢を、また、航空戦術的見地より敵純正空軍基地を空襲するなど純正空軍独特の作戦を実施し、一方、海方面においては攻撃威力圏内にある敵艦艇および海軍施設に対し単独で、あるいは艦隊と共同で、作戦を実施する組織のことである。陸方面の用法は、爆撃によって航空部隊だけで戦争の勝敗を決しようとする戦略空軍の軍事思想に基づいている。海方面の用法は、日本近海での基地航空隊の活用範囲を、敵海軍基地にまで広げるものだった。「航空軍備に関する研究」では、この「純正空軍」を海軍自体が空軍化することによって実現しようとしていた。

航空本部の配布した文書「航空軍備に関する研究」は、海軍主流の用兵思想から大きく飛躍したものだったので、海軍部内の統制を乱す怪文書として、海軍省軍務局から航空本部に対して回収が命じられた。航空本部の主張は、海軍全体の総意とはなりえないものであったが、以降、海軍の航空関係者は、航空基地の整備や、新しい航空機の開発を通じて、海軍航空部隊の実質的な空軍化を推し進めることになる。

空母からの先制攻撃

一九三〇年代後半、海軍の航空関係者が注力したのが、「アウト・レンジ戦法」に基づく航空機の開発だった。「アウト・レンジ戦法」とは、敵航空母艦の攻撃範囲外から先制攻撃を行い、主力決戦前に敵航空母艦を破壊して制空権を一挙に確立しようとする戦い方である。日本海軍は、一九三五年、アメリカ海軍の現用機・試作機、試作計画中の航空機の性能表を密かに入手し、アメリカ海軍機の戦闘行動半径が、約四八〇キロであることをつかんでいた。この情報をもとに、海軍の航空関係者は、アメリカ海軍機の戦闘行動範囲外から先制攻撃できる艦上爆撃機・艦上攻撃機の開発を目指したのである。

このため、一九三六年の「航空機機種及び性能標準」では、長大な航続力を持つ敵航空母艦攻撃用の急降下爆撃機を重視した。急降下爆撃機は、一九三六年の「航空機機種及び性能標準」において初めて現れた機種で、敵航空母艦を先制攻撃するため、一四八〇キロ以上の航続距離が要求された。急降下爆撃機の着想は、一九三九年に制式採用された九九式(きゅうきゅうしき)艦上爆撃機

図20　九九式艦上爆撃機（毎日新聞社提供）

の開発に結実した。愛知航空機で開発された九九式艦上爆撃機は、太平洋戦争前期における主力艦上爆撃機となり、真珠湾攻撃・セイロン沖海戦・ミッドウェー海戦などで用いられ、イギリス海軍の空母ハーミーズなどを撃沈することとなる。

航空部隊の攻撃力の向上にともない、航空母艦の用兵思想も変化した。これまでの艦隊決戦時の補助戦力ではなく、艦隊決戦に先立って行う先制攻撃が重視されるようになったのである。一九三七年頃の海軍作戦計画では、主力決戦前に、敵航空母艦の攻撃範囲外から、敵航空母艦および主力艦に先制攻撃を行い、戦場の制空権を獲得するとともに、敵兵力の漸減をはかることとなっている。いまだに根本的には、戦闘の勝敗は艦隊決戦によって決まるとする思想の枠内にあったが、先制攻撃の重視は、航空部隊の位置づけを高めることになった。

零式艦上戦闘機

有名な零式(れいしき)艦上戦闘機（通称「ゼロ戦」）も、航空母艦による先制攻撃を重視するという新しい思想のもとで開発された戦闘機だった。それ以前の艦上戦闘機に求められた役割は、艦隊決戦時に、艦隊を攻撃してくる敵攻撃機や大砲の着弾観測を行う敵観測機を撃墜することであり、当初は、零式艦上戦闘機も、艦隊を援護する戦闘機として開発される予定であった。実際に、零式艦上戦闘機のもとになった

図21　堀越二郎（堀越雅郎提供）

図22　零式艦上戦闘機

一九三六年の「航空機機種及び性能標準」では、艦上戦闘機の主要任務として、敵攻撃機の迎撃、敵観測機の掃討を挙げている。その際に重要となるのは、速度および上昇力に秀で、かつ格闘性能に優れていることだった。

一九三七年一〇月、海軍が三菱重工業に対して、「十二試艦上戦闘機」（零式艦上戦闘機の試作名）の開発を指示したときには、航空母艦の用兵思想の変化を反映して、味方攻撃機を援護することが、最も重要な役割として新たに追加されていた。攻撃機による先制攻撃が重視されたのにともない、攻撃機を援護する戦闘機が必要となったのである。援護戦闘機に求められたのは、航続力に秀でることだった。重慶などの爆撃においては、航続力のある戦闘機が存在しなかったため、九六式陸上攻撃機が単独で出撃し、敵迎撃機によって大きな被害が出ていたのである。こうした戦訓から、攻撃機に随伴することができる、航続力のある援護戦闘機が必要なのは明らかだった。このため「十二試艦上戦闘機」には、速度・上昇力・空戦性能など多くの面で優れていることが求められたが、特に航続距離に対する要求は高いものであった。

主務設計者である堀越二郎（三菱重工業技師）は、「十二試艦上戦闘機」の計画要求書を初めて見たときの感想を以下のように回想している。

本機の計画要求書によって示された性能は、われわれの技術水準に対して非常に高い所にあった。…。航続力の大きいことは、恐らく世界で始めて無線帰投方位測定機（クルーシ式）を戦闘機に装備した事実から想像出来るように世界の常識を超え［ていた］（後略）。

（堀越二郎・奥宮正武『零戦　新装改訂版』一九七五年）

日中戦争期の海軍主力戦闘機である九六式艦上戦闘機の設計主務者を務めた堀越にとっても、「十二試艦上戦闘機」に要求された航続力は、常識を超えるものであった。堀越は、ライト兄弟が初飛行を行った一九〇三年に、群馬県多野郡美土里村（現在の藤岡市）で生まれ、二七年、東京帝国大学工学部航空学科を卒業し、三菱内燃機（のちの三菱重工業）に入社した。子どものときは、『三国志』、源平合戦や戦国時代・幕末ものなどの歴史小説を好む文学少年で、航空学科に進んだのも、子どものときに読んだ少年雑誌の物語に魅かれたからだという。

徹底した軽量化

「十二試艦上戦闘機」の設計に取り掛かった堀越は、海軍から要求された高性能を実現するため、徹底した軽量化を追求した。主翼骨格に開発されたばかりの新素材「超々ジュラルミン」を採用したほか、小さな部品の素材や構造についても、ひとつひとつ丁寧に検討していった。全重量（約二四〇〇キロ）の一〇万

表3　零式艦上戦闘機とワイルドキャットの性能比較

名　　称	出　力	全備重量	最大速度	航続距離	武装(口径×数)
零式艦上戦闘機	940馬力	2,336キロ	時速534キロ	2,220キロ	20mm×2 7.7mm×2
ワイルドキャット	1,200馬力	3,176キロ	時速531キロ	1,360キロ	12.7mm×6

分の一まで管理するとの方針を打ち出し、三〇〇〇枚以上の図面をチェックして、三〇人ほどの部下たちに何度も書き直しを要求するという、こだわり様だった。

この徹底的な軽量化により、試作機は、海軍の要求を超える高性能を実現し、一九四〇年に零式艦上戦闘機として制式採用された。零式艦上戦闘機は、援護戦闘機として優れた性能を持ち、とりわけ航続力と格闘性能の点で卓越していた。航続距離は、落下タンク用いることで三五〇〇キロにも及び、同時期の各国戦闘機のなかでもずば抜けていた。また、旋回性能などの運動性にも秀で、高度な格闘性能を持つとともに、二丁の二〇ミリ機銃を世界に先駆けて採用した。

同時期に開発されたアメリカ海軍の戦闘機F四F—三ワイルドキャットと比較すると、零式艦上戦闘機の特徴がよくわかる。ワイルドキャットに対して、二割以上低い発動機出力を補って高性能を実現するために、全備重量をワイルドキャットの七五％以下に抑えているのだ。ただし、その代償として、敵弾からパイロットや燃料タンクを守る防弾装置をまったく欠いていた。零式艦上戦闘機は、日中戦争後期から太平洋戦争全期にわたって使用され、日本陸海軍機では最大となる一万四二五機が製造された。優位な後継機が開発されなかったことも影響して、太平洋戦争末期まで海軍の主力戦闘機であり続けたのである。

航空部隊の集中運用

　零式艦上戦闘機の登場は、航空部隊が艦隊から独立した戦力となることを促進した。零式艦上戦闘機は、主に艦上での使用を目的に開発された戦闘機であったが、長大な航続距離を持つため、基地航空隊にも配備され、九六式陸上攻撃機の援護戦闘機としても用いられた。既述のとおり、九六式陸上攻撃機単独での爆撃は、敵機からの迎撃により少なくない被害を受けていたが、一九四〇年八月に、零式艦上戦闘機が護衛戦闘機として爆撃に加わるようになると、戦況は一変し、中国側の航空兵力を圧倒するようになった。

　優れた航続力と攻撃力を持つ航空機の出現を受けて、海軍は、海上において単独で大規模に活動することができる基地航空隊と航空艦隊の建設を進めた。まず一九四一年一月、それまで連合艦隊に付属していた第一連合航空隊（高雄航空隊・鹿屋航空隊・東港航空隊により編成）・第二連合航空隊（美幌航空隊・元山航空隊により編成）・第四連合航空隊（千歳航空隊・横浜航空隊により編成）を、それぞれ第二一・第二二・第二四航空戦隊と改称し、統合して第一一航空艦隊（陸上攻撃機一九二機・戦闘機九六機・陸上偵察機八機・飛行艇三二機、合計三二八機）を新編成した。この編成により、基地航空部隊の大部分が統一的な指揮下に置かれることとなり、航空兵力を集中して使用することが可能になった。また、一九四一年四月には、航空母艦の統一指揮を目的に、主力航空母艦六隻を中核として第一航空艦隊を編成した。これら航空部隊の集中運用は、世界的に見ても画期的なものだった。陸軍が航空部隊を地上作戦への援護戦力と位置づけていたのに対し、海軍はより独立性の高い航空部隊を作り上げていったのである。

一方、海軍が陸方面への戦略空軍的な航空部隊を建設することはなかった。他国からの軍事援助に頼る中国国内には適当な戦略目標が存在せず、また、日本海軍にも陸方面の戦略空軍を建設するだけの余裕がなかったためである。海軍は、一九四一年八月末に、中国での航空作戦を打ち切った。アメリカ・イギリスとの戦争準備を進める海軍には、中国に航空部隊を振り向けるゆとりは存在しなかったのである。また、アメリカ・イギリスの中枢都市・軍需工場などに対して、大型陸上爆撃機を用いて日本から戦略爆撃を行うことも、当時の日本の技術力や工業力では難しかった。

研究機関の整備と応用研究の進展

海軍航空技術廠

海軍の研究開発体制

一九三〇年代、自主技術に基づく国内での航空機の開発が本格化すると、自主開発を支援する航空研究機関の活動が、それまで以上に求められるようになった。本章では、この時期に軍の内外において、研究機関の整備が進み応用研究が活発化したことを見ていく。

海軍は、陸軍に比べ航空兵器の軍事上の価値を高く評価していたため、新機種開発を民間航空機製造会社に委ねる一方で、軍内部に大規模な航空研究機関を設置し、航空機製造会社を指導することができる充実した研究開発体制を整えていった。海軍の研究開発体制の中核に位置したのが、海軍航空廠だった。航空廠は、一九三二年（昭和七）四月、神奈

図23　海軍航空技術廠

川県横須賀市の海軍追浜飛行場の隣に開廠した。航空廠が設立される以前は、横須賀海軍工廠造兵部に飛行機工場と発動機工場が、茨城県霞ヶ浦に飛行船および航空機の研究を行う技術研究所が、分離して存在していた。これらの航空に関する研究機関を、神奈川県横須賀市に移転拡充して設立したのが航空廠だった。霞ヶ浦の技術研究所に設置されていた二基の風洞も横須賀に移され、さらに新たな風洞が建設された。航空廠は、風洞などの研究設備、機体やエンジンそのほかの機材を試作する工場設備、飛行実験を行う部署を持つ総合的な航空研究機関だった。

航空廠では、主に航空機製造会社が試作・生産する航空機・発動機・搭載兵器の改良に役立つ資料を得ることを目的に、調査研究を実施した。より基礎的な研究については、大学など外部の研究機関に委ねるという方針だったが、機密保持の関係から外部機関に研究を委託するのが煩雑だということもあり、廠内である程度の基礎的研究も行った。試作機の試飛行・諸性能実験および各種実験飛行なども担当したが、試作機の実用試験は横須賀航空隊で実施した。一九四〇年には、戦地に特設航空廠が開設されたことを受け、混同をさけるために海軍航空技術廠と改称された。

航空技術廠で行われた調査研究の代表的なものに、零式艦上戦闘機の空中分解事故解明がある。この空中分解事故の発端は、一九四一年四月一六日、千葉県木更津の海軍航空隊飛行場で発生した、急降下訓練中の小破事故にあった。この日、飛行訓練中のパイロットが零式艦上戦闘機で垂直旋回や宙返りなどを行っていると、機体の左翼外板にひどいしわができているのを発見した。何らかの原因で主翼に想定以上のゆがみが生じ変形してしまったようだった。さらに、高度三五〇〇メートルから約五〇度の角度で急降下を開始し、高度二〇〇〇メートルで機体を起こして時速六一〇キロに達した瞬間、突然、激しい振動に見舞われ、補助翼と主翼上面の外板が吹っ飛んでしまったのである。この最初の事故は、すぐに航空技術廠と横須賀航空隊に通報された。

零式艦上戦闘機の空中分解事故

横須賀航空隊では、事故を起こした零式艦上戦闘機を詳しく調べたが、事故原因をつかむことはできなかった。そのため、事故を起こした機体と同じ状態の零式艦上戦闘機を用いて、試験飛行を行うこととなり、翌日、横須賀航空隊戦闘機分隊長の下川万兵衛（海軍大尉）が試験飛行を実施した。高度四〇〇〇メートルから約六〇度の角度で急降下を開始し、高度一五〇〇メートルで機体を引き起こし始めたところ、突然、左翼から大きな白紙

図24　松平　精

のようなものが飛び、さらに黒いものが飛ぶのが地上から見えた。そして、航空機は降下態勢のまま海中へと落ちていった。この間、パラシュートは開かず、下川大尉は機体とともに墜落し殉職してしまった。落下した機体を調べてみると、左右の補助翼と水平尾翼は空中で飛び散ったらしく、見当たらなかった。まず左右の補助翼が折れ、脱落した補助翼が水平尾翼にぶつかって、水平尾翼も胴体から離れたものと考えられた。

この事故の調査にあたったのが、松平精（まつだいらただし）（航空技術廠飛行機部技師）らのグループだった。松平は、旧杵築藩（きつきはん）藩主の能見（のうみ）松平家出身の子爵、松平親信（まつだいらちかのぶ）の三男で、一九三四年、東京帝国大学工学部船舶工学科を卒業し、航空廠に就職した技術者だった。当時、世界恐慌の影響で就職難が続き、大学を卒業しても就職先がない技術者の卵が多数いたため、航空廠はそうした人材を定員外の工員として採用していた。松平も、当初は「有識工員」という身分で採用され、航空廠で現場実習を一年間やり、さらに陸軍飛行連隊で兵役を務めた。入廠から二年後、ようやく研究することができるようになった松平が取り組んだのが、航空機の振動という問題だった。当時、振動についての体系的な教育は行われておらず、初歩から独学で学ぶ必要があった。兵役生活で知識に飢えていた松平は、手当たり次第に関連書をあさっては読みふけり、振動の専門家としての基礎を築いた。また、実際の機体での振動試験も手がけ、振動現象についての実地経験も積んでいった。一九三九年一月からは、試作段階にあった零式艦上戦闘機の振動試験を担当した。振動試験とは、エンジンやプロペラなどの振動に機体が同調する性質を調べたり、危険な機体振動がどの程度の速度を出すと起こるかを調査したりする試験である。

事故原因の解明

松平らの調査によって、墜落事故の原因はフラッタ現象だということが明らかになった。フラッタ現象とは、航空機が速度を上げていくと、旗が風ではためくように、主翼や尾翼・補助翼などが振動を起こすという現象で、一定速度を超えると振動が急激に大きくなり、機体が空中分解してしまうこともある。フラッタ現象は、当時すでによく知られた現象で、航空技術廠でも航空機の模型を風洞のなかに置き、風をあてて振動を観測するなどして実験を重ねてきた。こうした実験の結果、零式艦上戦闘機ではフラッタ現象はもっと高速で起こると考えられていたため、今回の事故調査では、当初、別に事故原因があると考えられていた。しかし、松平らの詳しい調査により、それまでの模型を用いた風洞実験には、重大な欠陥があることがわかってきたのである。模型では、機体全体の形や各部分の重さの分布については、実物の航空機をそっくり縮小したものになっていたが、機体の各部分の剛さの分布については、実物の機体における剛さの分布を再現できていなかったのである。このため、実験結果に不備があったのだ。

松平らが改めて精密な模型を作り直し実験してみると、それまで推定していた時速七五〇キロを大きく下回る時速六〇〇キロで、フラッタ現象が起こることがわかった。主翼の振動と補助翼の振動が相互に影響しあい、予想外の低速で危険な状態が発生していたのである。松平は、事故原因がつかめたという安堵感、今まで見抜けなかったことへの後悔の念、振動試験の主務者としての責任感が頭のなかでうずまいたと、この時の複雑な心情を、戦後、随筆「零戦から新幹線まで」のなかで回想している。調査結果は、直後の事故調査委員会でただちに報告され、松平はそれまでの認識の誤り認め関係者にわびた。この報告を受けて、零式艦上戦闘機は、主翼外板の板厚を〇・二ミリ増やして主翼の強度を上げる改修が行われた。また、制限速度も、一時的に時速六七〇キロに引き下げられた。

事故調査を通じて得られた知見は、零式艦上戦闘機だけでなく、ほかの航空機にも生かされた。海軍では、全機種について、実機での振動試験と模型の風洞実験をやり直し、制限速度を引き下げた。調査結果は、陸軍航空技術研究所などにも報告された。海軍航空技術廠は、試験機関として大きな役割を果たしていたのである。

「彗星」の開発

航空技術廠は、民間の航空機製造会社と同じように、航空機の開発・設計も行った。航空技術廠で開発された代表的な航空機に、艦上爆撃機「彗星」がある。彗星は、第二次世界大戦後期の海軍の主力艦上爆撃機で、急降下爆撃可能な九九式艦上爆撃機の後継機として、一九三八年に開発が始まった。設計主務者は、山名正夫（航空廠飛行機部技師）である。山名は、一九二九年に東京帝国大学工学部航空工学科を卒業し、航空廠に入廠した工学者で、三二年に東京帝国大学で博士号を取得し、三五年から東京帝国大学助教授、四三年からは同教授を兼務した。艦上爆撃機「彗星」は、迎撃してくる敵戦闘機を振り切って敵艦に先制攻撃を加えるため、特に速度を重視して設計された。試作機に海軍が要求した最高速度は時速五一九キロと、零式艦上戦闘機において要求された速度よりも速かった。

高速を実現するために山名らが試みたのが、液冷発動機の使用だった。当時、日本の多くの軍用機が空冷発動機を搭載していたのに対して、彗星は、ドイツのダイムラー・ベン

図25　木更津基地で待機中の艦上爆撃機「彗星」

ツ社製の発動機を国産化した液冷発動機「アツタ」を搭載した。冷却水を使ってエンジンを冷やす液冷発動機は、空冷発動機に比べて構造が複雑で製作や整備が難しく、重量が重いなどの欠点もあったが、よりコンパクトに設計することができるという利点があった。このため、エンジンを格納する胴体前部を細くして、空気抵抗を低減することができるので、高速機との相性が良かった。実際、日本では液冷発動機を搭載した航空機は少なかったが、欧米諸国では、ドイツのバイエルン航空機製造会社（のちのメッサーシュミット社）が開発した戦闘機Ｂｆ一〇九（一九三五年初飛行）や、イギリスのスーパーマリン社の戦闘機スピットファイア（一九三六年初飛行）、アメリカのロッキード社の戦闘機P―三八ライトニング（一九三七年設計開始）など、液冷発動機を搭載した高速戦闘機が登場していた。このため、日本においても、液冷発動機を搭載した航空機の開発をまったく行わないというわけにもいかない状況だった。

彗星は、液冷発動機以外にも、機体のさまざまな部分で新たな試みを採用しており、通常の量産する航空機というよりは、研究機に近い性格を持っていた。例えば、当時の航空機では、離陸および着陸の際に、主翼下に配置された脚（きゃく）を下げて車輪を出し、飛行中は空気抵抗を小さくするため、脚を上げて車輪をしまうという引込脚の機構が普及しつつあったが、脚の昇降の操作には油圧を用いる場合が多かった。これに対して彗星では、脚の昇降を電動で操作できるように設計されていた。同様に、主翼の後縁を伸ばすフラップ（高揚力装置）や抵抗板・爆弾扉などの操作にも電動式が用いられた。

生産遅延

彗星の試作機は、一九四〇年一一月、木更津飛行場で初飛行に成功した。試作機は、速度と航続距離に優れていたため、艦上偵察機に改装され、一九四二年七月、まず二式（にしき）艦上偵察機として制式採用された。航空技術廠の試作能力不足の影響で、実用化されるまでにかなりの時間要したが、その後、一九四三年一二月には艦上爆撃機「彗星」として制式採用された。最高速度は時速五五二キロと、要求された能力以上の性能を示した。

航空技術廠は大量生産のための設備を持たなかったので、機体および発動機の大規模な生産は、愛知航空機に委ねられたが、生産は計画どおりには進まなかった。構造の複雑な液冷発動機を搭載したことが災いして、発動機の生産が機体生産に追いつかず、発動機を搭載しない「首なし機体」が多数並ぶという状態になってしまったのである。このため急遽、中島飛行機製の空冷発動機「金星」を搭載した機体が実用化されるという混乱ぶりだった。

それでも、速度や航続距離などに優れた彗星は、太平洋戦争末期まで生産が続けられ、生産機数は、二式艦上偵察機を含めて約二一五〇機に及び、海軍機では零式艦上戦闘機・一式陸上攻撃機についで多かった。一九四四年六月のマリアナ沖海戦では、主力艦上爆撃機として使用され、マリアナ沖海戦以降は、搭載する空母がほとんどなくなる状況のもと、地上基地に配備され、戦争末期には特攻機としても出撃した。航空技術廠は、実用機の開発においても一定の役割を果たしていたのである。

陸軍の技術開発と外部機関への期待

海軍が巨費を投じて航空廠を創設し海軍内での研究に努めていたのに対し、陸軍は航空技術に関する研究を外部に頼る傾向が強く、研究の大部分と設計のほぼ全てを民間航空機製造会社に委ね、陸軍内では発注・審査・改修発令・修理にあたる方針を取っていた。一九三六年（昭和一一）に、陸軍航空本部技術部は陸軍航空技術研究所と改称したが、その任務は研究よりも、設計要求の作成、試作発注・審査・実用試験、実施部隊の意見の取りまとめ・改修発令などが中心で、従来の任務とほとんど変わらなかった。

陸軍の研究体制と外部依存の傾向

「陸軍航空本部航空兵器研究方針」改訂のために一九三七年一月二〇日に開催された軍

需審議会の議事録（防衛省防衛研究所所蔵『密大日記　昭和十二年　第七冊』所収）を見ると、陸軍内には技術者が少ないとの認識から、外部への期待が議論されていたことがわかる。町尻量基（まちじりかずもと）（陸軍省軍務局軍事課長）は、陸軍は技術者が少ないのだから、超重爆撃機や輸送機などは海軍に研究を委託してその成果を利用したり、民間の良いものを購入することとし、陸軍内で研究したり制式決定することをやめ、急降下爆撃機などに重点を置くことを求めた。これに対して、中川泰輔（陸軍航空本部第二部長）は、海軍は遠距離爆撃機として航続距離の長いものを要求し、速度はあまり重視しないので、陸軍とは要求性能に相違があることを指摘しながらも、研究の重点化の必要性には同意している。

航空機の軍事上の評価が低かった陸軍では、軍内の研究を最小限に絞り込み、研究の外部委託をいっそう進める方向で、技術者の不足を克服しようとする傾向があった。こうした傾向の結果として、外部の航空研究機関に対する要求が陸軍内で強まることとなる。

民間航空

外部の航空研究機関を取り込もうとする計画は、民間航空輸送会社を軍事目的に動員しようとする計画とセットで立案された。

日本の民間航空輸送会社は、国の援助を受けて、一九二〇年代初めに定期輸送を開始した。初の定期輸送は、一九二二年（大正一一）六月、日本航空輸送研究所が、海軍から払

図26　開設当時の日本航空輸送研究所

い下げられた水上機を用いて運行した一週三往復の徳島—高松便だった。翌年には、朝日新聞社の設立した東西定期航空会が東京—大阪便を開始し、続いて、川西(かわにし)機械製作所が設立した日本航空株式会社（現在のＪＡＬとは無関係の別会社）による大阪—福岡便も始まった。その後、一九二八年（昭和三）には、日本の航空事業の一体化を図る国策会社として、日本航空輸送株式会社が設立され、東西定期航空会および日本航空株式会社を吸収合併した。日本航空輸送株式会社は、一九二八年度からの一一年間に約二〇〇〇万円の政府補助金の支給を保証されるなど、国の手厚い保護を受けていた。同社は、一九二九年七月に一日一往復の東京—大阪—福岡便を開始し、同年九月には、一週三往復の福岡—蔚山(ウルサン)—京城(けいじょう)（現在のソウル）—平(へい)

壌―大連便も就航させた。

当時の東京―大阪間の所要時間は、一九三〇年一〇月に運行を開始した国鉄（現在のJR）の特急列車「燕」が八時間二〇分かかったのに対し、航空機では二時間三〇分だった。ただし、民間航空専用の飛行場がまだなかったため、東京では陸軍の立川飛行場を間借りしていたので、地上輸送を含めると四時間ほどかかった。東京―大阪間の運賃は、燕の一等車が運賃と特急料金の合計で二四円一八銭、二等車で一六円一二銭、三等車で八円六銭なのに対し、航空機では三〇円だった。所要時間では航空機に優位性があったが、当時の航空機には、安全性に対する危惧や、運航の確実性に対する不信などが強く、鉄道に代わる実用的な輸送手段とは、まだ見なされていなかった。このため、旅客機を利用する乗客の多くは、遊覧目的での搭乗だった。

一九三一年八月、東京府荏原郡羽田町（現在の東京都大田区）に、日本初の国営民間航空専用飛行場である羽田飛行場（現在の東京国際空港）が開港するなど、利便性はだんだんと向上したが、一九三〇年代前半の輸送実績は伸び悩み、国内の輸送会社を合わせた年間輸送旅客数は約一万二〇〇〇人で、一日当たりにすると三〇人ほどにすぎなかった。日本航空輸送株式会社は、国の手厚い保護を受けてなお営業不振だった。物価上昇のなかで

図27　開港当時の羽田飛行場（1931年，毎日新聞社提供）

も給料は据え置きで、昇給を求める要求書を社長に提出するという騒ぎも起こったという。

国家主義に基づく「改革構想」

輸送規模の拡大がなかなか進まない民間航空に対して、陸軍は、一九三〇年代初めから、軍の方針に協調することを求める指導統制策を計画するようになった。陸軍内で航空研究機関や民間航空に関する具体的な指導統制策が立案されるのは、一九三一年に勃発した満洲事変以降のことである。関東軍は、事変勃発後ただちに、日本航空輸送株式会社の大連支所に対して徴発命令を発した。大連支所から連絡を受けた日本航空輸送株式会社本社および逓信省航空局は、この徴発命令を辞退するように大連支所に伝えた。しかし、関東軍は徴発命令の辞退を認めず、日本航空輸送株式会社の輸送機を徴用して兵員や軍需物資などの特殊輸送に従事させたのだった。民間機による特殊輸送が実際に役立つことを確認した陸軍では、有事の際には、民間航空を活用しようとする考え方が定着していくことになった。これに対して民間航空を所管する逓信省航空局は、当時はまだ民間航空を軍事的な観点から動員する体制にはなかった。陸軍側は、この状況に危機感を覚え、民間航空に関する指導統制策の立案を進めていったのである。

陸軍内で民間航空や航空研究機関の指導統制策を立案したのは、統制派と呼ばれるグループだった。統制派は、当時の陸軍内の二大派閥の一つで、もう一つの派閥である皇道派と陸軍内の覇権を争っていた。一九三三年まで陸軍内で実権を握っていたのは、荒木貞夫（一九三一—三四年に陸軍大臣）や真崎甚三郎（一九三二—三三年に陸軍参謀本部次長）を中心とする皇道派で、観念的・日本主義的な国家革新を唱えていた。これに対して、皇道派による露骨な派閥人事やその観念性に反発した陸軍中央部幕僚層が形成した派閥が、統制派である。統制派は、皇道派の観念性に比べてより現実的であり、国家主義に基づく具体的な改革構想を研究していたとされる。そうした国家全般にわたる改革構想の一つとして、民間航空や航空研究機関の指導統制策が取り上げられた。一九三五年一月一〇日付けの「対内国策要綱案に関する研究案」（木戸日記研究会編『木戸幸一関係文書』所収）は、統制派が作成した国家全般にわたる改革案の一つである。「研究案」では、「航空および防空」の項目で、民間航空の指導統制と防空準備に関する構想を扱い、「航空院」および「航空技術実験所」の設立を提案している。これは、民間航空や航空研究の指導統制のために、内閣直属の行政機関の設立を提言した最も初期の構想である。

「対内国策要綱案に関する研究案」で、民間航空事業や航空研究機関の指導統制機関とされるのが「航空院」である。「研究案」では、民間航空を「航空予備軍」と定義し、その指導統制策を提言している。第一に提言したのが、内閣総理大臣直属の「航空院」の創設である。「航空院」は、新設する「航空技術実験所」および民間航空事業の監督・指導・奨励・統制に関するいっさいの事項を所管する機関であり、「航空院」創設にともない、逓信省(ていしんしょう)航空局は廃止するとしている。統制派は、軍事航空を補完する予備兵力として民間航空を位置づけ、その発展促進と動員体制の整備のためには、当時の逓信省航空局という体制では不十分だと考えたのである。

「航空技術実験所」に関しては、より詳しい記述がある。航空研究機関を統合強化するために「航空技術実験所」では、軍事以外の航空技術の研究・実験・指導および普及を行うというのだ。そして、文部省が所管している東京帝国大学航空研究所の施設は「航空技術実験所」に移管し、航空研究所で実施している学術研究は「航空技術実験所」の一分科として行うとしている。統制派は、現状の研究体制を学術研究に留まるものと認識し、民間航空機製造会社に対して航空技術の指導や普及をすることのできる研究機関の新設を求めたのである。

陸軍の欧米航空視察団

同じ頃、陸軍の航空関係者からも、欧米各国の状況をもとに、民間航空および航空研究の指導統制を求める要求があがっていた。陸軍航空視察団が一九三五年四月から一二月にドイツ・フランス・イギリス・イタリア・ポーランド・アメリカを視察した報告書「陸軍航空視察団欧米航空事情視察報告」（防衛省防衛研究所所蔵『密大日記　昭和十一年』所収）である。この視察団は、団長の伊藤周次郎（いとうしゅうじろう）（陸軍航空本部技術部長、陸軍少将）以下一〇名からなり、ほかに海外滞在中の四名が協力していた。団員はすべて軍人で、その多くは航空技術の専門家であった。視察団の目的は、航空戦力の刷新向上のための調査研究であり、航空技術の視察を主な目的としていた。帰国後に提出した詳細な報告書には、視察に基づく提言も含まれている。視察団の提言は、航空兵器の研究項目、航空産業の振興策、教育制度の改善策、航空事故の防止策など多岐にわたるが、ここでは、行政機関の設置に関する提言に絞って見てみよう。

報告書は、民間航空の中央統制機関として「航空省」の設置を提言し、設置の際には、軍部の要求が確実に反映される体制が必要だとして、陸海軍大臣による航空省大臣の兼任や、主要幹部の現役軍人からの充当といった方法をあげている。これは、民間航空を軍事航空の予備兵力と捉える発想に基づくものであるが、統制派の「研究案」と比べて、より具体的な提言であることがわかる。

「航空省」設置の提言は、ヨーロッパ各国が民間航空に対して手厚い助成や指導を行っているのを受けて立案されたものだった。報告書は、ドイツ航空省が、民間航空輸送会社であるルフトハンザドイツ航空に多額の費用を投入し、国策遂行の重要手段として同社を発展させたことが、ドイツ空軍の基礎になっていると述べる。また、イギリスに関しては、英国国営航空に対する多額の補助金や指導、民間航空輸送会社の路線拡張のためにイギリス空軍省が行う努力について報告している。同様にフランスやイタリアにおいても、空軍省を設けて、軍の要求に協調するよう民間航空を指導していると述べる。こうしたヨーロッパ各国の民間航空に対する指導統制策を調査した視察団にとって、「航空省」設置の提言は、きわめて自然な結論であった。

米英をモデルにした提言

さらに報告書は、内閣直属の「航空技術研究委員会」および「国立中央航空研究所」の設立を提言した。「航空技術研究委員会」は、研究すべき航空技術を審議決定し、指導統制する機関で、「国立中央航空研究所」は、巨額の経費を必要とする大型風洞・高速風洞・高圧試験設備などを備え、軍民共通の一般的な航空研究を実施する研究所である。報告書は、「国立中央航空研究所」設立により、軍およびそのほかの研究所が、各自の専門的研究に専念できるようにすべきだと主張した。そして、欧米各国では工業化のための膨大な国立研究所を有するのに対して、日本では東京帝国大学航空研究所という研究機関を有しながらも、学術研究に偏（かたよ）り工業化において見るべき成果がないと述べる。統制派の「研究案」と同じく、報告書は工業化に役立つ研究機関の設置を求めているが、研究所の設備例を提示するなど、より具体的な提言であることがわかる。

「航空技術研究委員会」および「国立中央航空研究所」の設立提言は、アメリカやイギリスでの視察に基づいたものだった。アメリカでは、政府直属の航空諮問委員会（ＮＡＣＡ）が、軍部および民間航空の研究課題を調整しており、ここで決定された研究課題の多くは附属研究所において実施され、一部は大学や民間研究所に分配されると報告書は述べている。これに対してイギリスでは、空軍のもとに設置された航空研究委員会が航空技術の諮問を行っており、その研究実施機関として王立航空研究所（ＲＡＥ）および国立物理学研究所（ＮＰＬ）などを利用するという。「航空技術研究委員会」および「国立中央航空研究所」の設立提言は、アメリカやイギリスに実在する機関をモデルにしたものであり、特にアメリカの航空諮問委員会（ＮＡＣＡ）と類似した組織を目指すものだった。この視察団報告が、民間航空や航空研究の指導統制を求める陸軍中央部での要求を、さらに具体的で説得力あるものにしたのは間違いない。

陸軍のドイツ航空視察団

その後、一九三六年一〇月から三七年二月に、ドイツを対象に再び航空視察団が派遣され、ドイツをモデルにした提言を行った。この視察団のメンバーは、団長の大島浩（おおしまひろし）（ドイツ大使館付武官、陸軍少将）以下、菅原道大（陸軍航空本部第一課長）・大谷修（陸軍航空技術学校教官）・高島辰彦（たかしまたつひこ）（陸軍省軍務局軍事課課員）・青木喬（陸軍大学校教官）・島貫忠正（陸軍省軍務局軍事課課員）・松村黄次郎（陸軍航空本部部員）の七名だった。視察団の目的は、一九三五年の視察では十分に調査できなかったドイツ空軍を研究することだった。ドイツは、一九三五年三月に再軍備を宣言し、その後、短期間に軍備を拡張していた。先の視察では、一九三五年五月から六月に訪問したため、ドイツでは空軍建設の途上にあり、十分な調査を行うことができなかったのである。

視察団は、一九三七年三月二五日付けの報告『昭和十一年におけるドイツ航空視察報告』（防衛省防衛研究所所蔵『陸軍一般史料　陸空　中央　航空基盤』所収）で、国防上の大局的考察、用兵上の考察、編成制度の考察、教育訓練の考察、航空工業および器材行政の考察の五項目に分けて、多岐にわたる報告・提言を行った。以下では、航空研究機関に関わる部分について見てみよう。

視察団報告は、ドイツ航空省の視察に基づいて、航空技術に関わる学術研究を対象にした統制機関の必要性を主張した。報告によれば、ドイツでは、航空省技術局と航空研究所が大学における研究事項を統制しているという。ドイツでの視察を受けて、報告は、研究事項および施設の重複を避け、研究を国家、特に軍部の望む方向へ向かわせるため、統制機関の設置を提言した。また、軍部の望む研究事項に対して、十分な財政的支援を軍が与えるべきだと主張した。一九三五年の報告と比べると、学術研究の価値をある程度認めて、統制すれば学術研究も役立つという認識に微妙に変化したことがわかる。

視察団報告は、ドイツの組織をモデルにして、民間航空機製造会社と密接な関係を持つ大規模な中央航空研究機関の設置を求めた。報告によれば、ドイツの航空研究所は、建設費および経常予算の大部分を航空省が負担する財団組織であり、航空機製造の現場と緊密な関係を持ち、活発な「実際的研究」を行っているとされる。こうしたドイツの航空研究所の視察に基づいて、報告は「民間試作工業」と密接な関係を持つ中央航空研究機関の設置を提言した。この提言によれば、この中央研究機関は、理論・発明・考案の実用化を図るとともに、「民間試作工業」を指導し、「民間試作工業」の研究を援助する機関であり、その組織は財団組織にすべきだという。そして、軍部は、軍自体でなければ研究困難な火器や弾薬などに関する研究機関を保有するが、機体や発動機のような軍官民共通の研究事項はこの中央研究機関に委ねるべきだとした。研究所の組織を、国立ではなく財団組織とした点に、ドイツの組織をそのままにモデルとしたことが顕著に表れている。

研究機関に期待された役割は、用兵上の要求に基づく、次世代航空機の研究であった。報告は、外国機を購入するなどして、研究機関が次期に出現させるべき優秀機の研究に全力を傾けることができるよう求めた。そして、用兵上の要求に基づく研究として、対ソ作戦のための寒冷地における装備の研究、ソ連の退避作戦に対して「攻撃機重点主義」を取るための航続距離延長の研究をあげた。また、一つの航空機に性能の万能性を要求せず、「戦術的要求」に基づく特色ある機種を研究することを主張し、その例として、攻撃機・高速爆撃機・超高空偵察機を提示した。こうした特定の軍事目的に基づく研究の実施を、視察団は航空研究機関に対して要求したのである。

一九三五年の視察団報告と一九三七年の視察団報告は、国内の航空研究体制に対する批判的認識を共有しているため、似通ったものとなっている。共通するのは、国内の航空研究機関が学術研究一辺倒で、工業化に役立つ応用研究を行っていないという認識である。そのため陸軍は、軍部の要求に応じて研究を実施させることができる研究体制の構築を主張した。一九三五年の報告では、アメリカおよびイギリスをモデルにして研究統制機関の設置を求め、三七年の報告では、ドイツの組織をモデルにして提言を行った。国内の現状を克服するためのモデルには変化が見られるが、その根底には一貫した陸軍の問題意識が存在したのである。

民間航空振興と中央航空研究所の新設

陸軍による内閣への要求提示

前節で取り上げた民間航空や航空研究機関に対する指導統制案は、基本的には陸軍内の構想に留まるものであったが、一九三六年（昭和一一）の二・二六事件以降、政治的発言力を高めた陸軍は、陸軍省を通じて、民間航空の指導統制を行う行政機関や研究機関の新設を、内閣に対して執拗に要求した。当時の陸軍は、新内閣の設立時に、国家全般にわたる諸政策に関して要望を突きつけるのが常であった。ここでは、二・二六事件で退陣した岡田啓介（おかだけいすけ）内閣に代わって成立した広田弘毅（ひろたこうき）内閣と、その後の二つの内閣の成立時における陸軍から新内閣への要望について、民間航空行政に絞って見てみよう。

陸軍省が民間航空の指導統制策を要求したのは、一九三六年三月の広田弘毅内閣発足時が初めてである。この時、陸軍省は「新内閣に対し国策樹立に関する国防上の要望」（防衛省防衛研究所所蔵『密大日記　昭和十一年』所収）を作成し、その実現を新内閣に約束させた。この「要望」のなかで陸軍省は、「民間航空行政を統一」することを求めた。「航空行政の統一」という表現は、「航空省」の新設を間接的に表すもので、航空分野での縦割り行政への批判を背景に、当時、一般的に用いられていた言葉だった。例えば、一九三五年七月一五日の『東京朝日新聞』社説は、逓信省航空局のほか、文部省管轄の東京帝国大学航空研究所・航空気象事業・技術者養成事業などが分離して存在していると批判し、経費や労力などの重複を避け「航空行政」の分散を予防するため、中枢機関を置いて「統一」ある企画のもとに行政を行うことを求め、「航空省」設置を断行せよと述べている。

一九三七年二月の林銑十郎内閣発足時には、陸軍は、より具体的な表現で要求を行った。一九三七年二月付けで、陸軍参謀本部直属の研究機関が陸軍の要求としてまとめた「国策要綱」（日本近代史料研究会編『日満財政経済研究会資料—泉山三六氏旧蔵　第一巻』所収）は、逓信省航空局を廃止し、代わりに「航空省」を新設することを林内閣に要求したのである。この研究機関は日満経済財政研究会といい、軍需産業の生産力拡大を図るため国家統制計画を立案したことで知られている。

さらに、一九三七年六月の第一次近衛文麿内閣発足時にも、陸軍は新内閣に対して具体的要求を突きつけた。この時、陸軍は杉山元（陸軍大臣）を通じて、計画経済の遂行を目的にした十大政綱を提示した。これを記録したのが、日満財政経済研究会のメンバーであった泉山三六の作成した「近衛新内閣に対する軍の要望とその大綱」（前掲書所収）である。「近衛新内閣に対する軍の要望とその大綱」には、陸軍が「航空省」と、航空技術に関する「中央技術研究所」設立を求めたことが記されている。陸軍内で議論されていた民間航空や航空研究機関への指導統制策は、内閣に対する陸軍としての要求となったのである。

航空予備軍としての民間航空振興

民間航空の振興と指導統制策を求める陸軍内の構想は、逓信省の民間航空振興策にも影響を及ぼした。陸軍での構想を受け、一九三五年七月には、逓信省が大規模な民間航空の振興策を計画したのである。一九三五年七月一七日の『東京朝日新聞』によれば、この航空振興計画は、第一次計画の三年間で一億五〇〇〇万円、第二次計画で八〇〇〇万円、総額二億三〇〇〇万円にのぼる膨大な計画であった。計画を策定したのは、逓信大臣の諮問機関である航空事業調査

表４　定期航空輸送統計（1929〜38年）

年	飛行総距離（km）	輸送旅客数（人）	輸送貨物量（kg）
1929年（昭和４）	874,375	2,467	5,408
1930年（昭和５）	1,743,865	8,000	13,520
1931年（昭和６）	1,963,675	7,675	29,990
1932年（昭和７）	1,986,840	10,443	48,600
1933年（昭和８）	1,953,225	12,317	65,666
1934年（昭和９）	1,857,974	12,161	58,396
1935年（昭和10）	1,932,532	12,560	71,115
1936年（昭和11）	2,769,613	16,769	76,334
1937年（昭和12）	4,991,889	45,334	203,548
1938年（昭和13）	6,152,712	68,427	275,849

（出典）　逓信省航空局編『航空要覧　昭和14年版』（帝国飛行協会，1940年）をもとに作成．

委員会であったが、同委員会は一九三三年九月の設立以来、陸軍次官や陸軍航空本部長が委員を務めており、陸軍は委員会を要求実現のための手段と位置づけていた。前述した統制派の一九三五年一月一〇日付け「研究案」では、国際航空路の拡張に関して航空事業調査委員会を指導し速やかに具体的決定をさせる必要があると述べている。陸軍は、航空事業調査委員会を通じて、逓信省の計画策定に関わっていたのである。

一九三七年五月に小松茂（こまつしげる）が逓信省航空局長に就任すると、逓信省航空局が民間航空振興を図るための理念自体にも変化が現れ、軍事航空の補完という観点が強調されるようになった。倉沢岩雄（くらさわいわお）（逓信省航空局監督課員）は、戦後、次のように回想している。

> 私ども航空局におったものから見れば従来の航空行政とは全く面目を一新したものにされたというふうに考えられて驚きをもって見たわけでございます。いままでの民間航空というのは商業航空を中心とした狭い意味の民間航空でありましたが、時局が、戦時体制が強化されるにおよびまして、従来の、在来の民間航空のあり方ではいけない、そこで小松さんは軍航空に対する助成ということを非常に強調されまして、その助成をなさしめ得るような新しい政策を樹ち立てられました。
>
> （航空局五十周年記念事業実行委員会編『航空局五十年の歩み』一九七〇年）

つまり逓信省航空局自体が、軍事航空から切り離された商業航空の振興というこれまでの政策を翻し、軍事的観点から民間航空の振興を強調するという政策を打ち出したのである。逓信省での民間航空の捉え方も、陸軍での「航空予備軍」という考え方におおむねようになったのだ。民間航空の振興と指導統制を求める陸軍の要求は、逓信省にとっても都合の良い、受け入れられるものであった。逓信省の視点から見ると、陸軍の要求は、軍事費の膨張により民生部門の予算が逼迫するなかで、時局に便乗して民間航空振興の予算を拡大できる絶好の機会だった。こうした思惑から、逓信省は、陸軍の要求に協調して、民間航空の振興策を策定したのである。

この民間航空の指導統制策のもと、一九三八年一二月には、国内のすべての民間航空輸送会社を統合して、新たに大日本航空が設立された。それまで営業していた民間航空各社はすべて解散し、大日本航空に統合することを余儀なくされた。

逓信省の積極的な振興策によって、一九三六年以降、定期航空路線は飛躍的に拡大し、輸送実績も増加していった。

エアガール

民間航空の拡大にともなって、女性の客室乗務員（現在のキャビンアテンダント）が本格的に登場したのもこの頃だった。当時、「エアガール」と呼ばれた女性客室乗務員による

図28　機内でサービス中のエアガール
（1939年，毎日新聞社提供）

機内サービスは、一九三〇年代前半にも一時的に実施されたことがあったが、一九三八年に日本航空輸送株式会社が、恒常的なサービスとして導入したことで定着していった。
一九三九年四月二四日から二九日の『東京朝日新聞』に掲載された大日本航空の芦原友信（あしはらとものぶ）（東京営業所長）らへのインタビューによれば、当初から女性の就職先として客室乗務員の人気は高く、一〇名程度の募集に五〇〇人の応募があったという。応募資格は、甲種高等女学校卒業以上、二〇歳前後、未婚、体重五〇キロ、身長一五八センチ以下、健康で言語明晰、容姿端麗、常識豊かな女性だった。高等女学校は、現在の中学校および高校に該当する教育機関で、当時の進学率は二〇パーセントに満たなかった。身長は、現在とは異なり、あまり高いと困ると考えられていた。また、英語はできればよいが、絶対条件とは見なされていなかった。書類選考と面接を経たあとに実施される最終選考では、飛行機酔いしないかどうかをチェックするために、実際に航空機に乗って急上昇や急降下を体験する試験飛行も行われた。

客室乗務員の業務は、地上で乗客を受け付けて手荷物や体重を計ることから始まった。当時は、乗客の体重を計ったうえで、バランスを勘案して座席を決めていたためである。また、機内では新聞や雑誌の配布、食事や茶菓子のサービス、税関の手続きなどを行い、気分が悪くなる乗客が出れば、その対応にも追われた。さらに、機内アナウンスのない当時は、約二〇分ごとに、現在位置・飛行コース・到着予定などをメモに筆記して回覧するという業務もあった。客室乗務員による機内サービスは乗客からの評判もよく、定期路線の拡大に合わせて、客室乗務員の人数は一九三九年には二〇名以上へと増員された。

図29　旅客機ＡＴ－２（毎日新聞社提供）

旅客機ＡＴ―二

民間航空の発展を受けて、日本最初の本格的旅客機ＡＴ―二が開発されたのも一九三〇年代だった。軍用機優先だった日本では、それまで民間航空向けの旅客機はほとんど開発されてこなかった。ＡＴ―二は、満洲航空の依頼を受けた中島飛行機が、アメリカのダグラス社製旅客機ＤＣ―二を参考にして製作した乗客数八名の旅客機である。一九三二年九月に設立された満洲航空は、形式上は株式会社だったが、通常の民間航空とは異なり、日中戦争下の「満洲国」で軍事物資や兵員を輸送する軍用定期航空として誕生し、関東軍の強力な保護指導のもとで運営された特異な航空会社だった。こうした開発経緯から考えて、ＡＴ―二は陸軍の影響下に開発されたと見ていいだろう。日本航空協会編『日本民間航空史話』（一九六六年）に掲載されたＡＴ―二設計者の明川清（中島飛行機技師）の回想によれば、開発を始めたのは一九三四年末頃で、児玉常雄(こだまつねお)（満洲航空副社長）と会い、詳細な要求事項を話し合ったという。その際、乗客数一四名のDC―二では満員になる見込みがなく経済的でない、国産機でないと都合が悪いといった説明があったという。児玉常雄は、「日露戦争の英雄」である児玉源太郎(こだまげんたろう)（陸軍大将）の四男で、一九三二年に陸軍を退役して満洲航空副社長となり、その後、三八年には同社長、四三年には大日本航空の総裁を務めた民間航空界の重鎮である。

AT―二は、一九三六年九月に初飛行に成功し、三七年以降、三三機が生産され、満洲航空・日本航空輸送株式会社・大日本航空などで使用された。その後、一九三七年四月に陸軍はAT―二を改修して、九七式輸送機(きゅうななしき)として制式採用した。九七式輸送機は三〇〇機以上が生産され、陸軍の主力中距離輸送機となった。

陸軍構想への反発

このように陸軍が求めた民間航空振興という施策は逓信省にも受け入れられ、実際に定期航空路線の拡大をもたらした。しかし、陸軍が構想する民間航空振興策には、逓信省や海軍が反発する難点があった。それは、現行の逓信省航空局を廃止したうえで、新たに民間航空の指導統制機関として「航空省」を設置することを求めた点である。

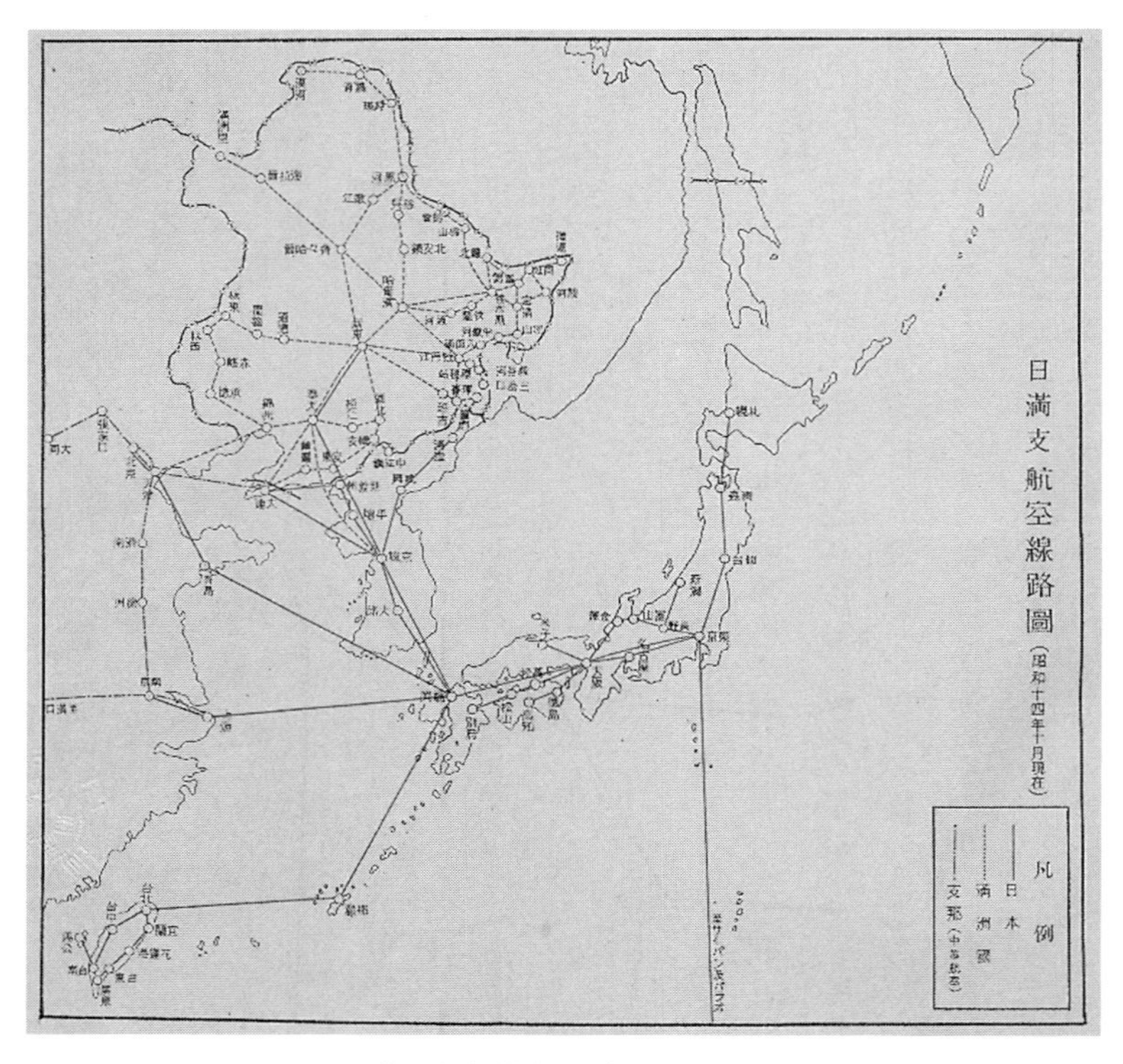

図30　「日満支航空路線図」（1940年10月）

逓信省は「航空省」設置に反対し、航空局を外局化することを主張した。畑俊六（陸軍航空本部長）は、一九三六年七月九日の日記に、逓信省においては航空局を逓信省の外局とする案を逓信大臣より提唱した様子であると記している（畑俊六著、伊藤隆・照沼康孝編『続・現代史資料（四）陸軍―畑俊六日誌』一九八三年）。逓信省の立場からすれば、「航空省」の新設とは、逓信省から航空局を完全に独立させ、所管する「航空に関する事項」を手放すことを意味するから、逓信省の反対は根強いものであった。

一方、海軍も別の観点から「航空省」の設置に反対した。一九三六年四月一三日、陸軍からの働きかけで、陸海軍は「航空省」設置に関して協議会を開催し、以後も協議を続けたが合意に至らず、交渉は七月初めには打ち切られた。「航空省」設置案に関し、陸軍大臣および陸軍次官が海軍大臣と海軍次官に対して「航空省」設置の必要性を訴えたところ、海軍側は「航空省」設置には気乗りせず、「航空院」設置にて進みたい意向だったと、畑俊六は、前述の一九三六年七月九日の日記に記している。陸軍からの説得工作にもかかわらず、海軍が「航空省」設置に同意することはなかったのである。

航空局外局化　海軍が「航空省」設置に同意しなかったのは、「航空省」設置が「空軍独立」につながることを恐れたためであった。「技術の国産化と用兵思想の深化」の章で見たように、すでに一九三〇年までにイギリス・イタリア・フランスで空軍が創設され、一九三五年にはドイツが再軍備と空軍独立を宣言して、これに続いた。こうした状況を受けて、当時、日本でも陸軍を中心として「空軍独立」が議論されたが、海軍は、海軍航空は艦隊に欠くことのできない重要な補助兵力であり、艦隊と一体で訓練を行う必要があるとして、「空軍独立」に反対していた。「航空省」創設も、こうした「空軍独立」に関係づけて捉えられた。一九三七年七月に海軍航空本部が発行した『航空軍備に関する研究』（防衛省防衛研究所所蔵『海軍一般史料　航空部隊　航空本部』所収）は、主に「空軍独立」問題に関しての所見をまとめたものであるが、そのなかで海軍航空本部は、「航空省」設置問題の影に空軍独立問題が存在するとの認識を示している。「航空省」を認めれば「空軍独立」に結び付くと海軍側は考えていたのである。海軍航空本部の出した結論は、「空軍独立」の必要はなく、当分の間は「航空省」設置に賛成できないというものであった。

逓信省および海軍がそれぞれの思惑から反対したため、「航空省」設置を求めた陸軍構想はついに実現しなかった。民間航空に関わる行政機構は拡大再編されたが、それまで逓信省の内局であった航空局が、一九三八年二月一日付けで逓信省の外局になるに留まった。

外局化された航空局では、それまでの航空局長に代わって新しく航空局長官を置くことができるようになった。

逓信省と海軍の連携

航空局外局化と同じ頃、一九三八年度予算に「中央航空研究所」設立の準備経費が計上された。この予算成立の背景には、航空局と海軍との連携があった。航空局五十周年記念事業実行委員会編『航空局五十年の歩み』（一九七〇年）に掲載された小松茂（逓信省航空局長）の回想によれば、中央航空研究所の予算は、一九三七年一二月に大蔵大臣官邸で、小松と賀屋興宣（大蔵大臣）および山本五十六（海軍次官）の三人で折衝して決めたものだった。予算は「普通の形式で大蔵省へ要求した予算」ではなく、三人で内容を決定したうえで逓信省へ持ち帰り、その内容に合わせて航空局から要求を出したものだというのである。一方、陸軍は中央航空研究所の予算に「ノータッチ」であり、予算決定後に航空局から陸軍に対して説明をしただけであったという。

中央航空研究所の設立準備が始まったあとも、海軍の支援を受けて研究所設立は進められた。一九三八年六月に航空局は、中央航空研究所設立準備部を設けて設立に関する調査研究を開始した。航空局が作成した設立案は、軍部・学界・民間の航空技術専門家を集めた中央航空研究所設立委員会で検討されたが、学界の委員から「屋上屋を架する研究機関は不要である」との意見が出て、一時研究所の設立が危ぶまれた。こうした意見の背景には、一九三八年五月に東京帝国大学航空研究所が設計した「航研機（こうけんき）」が、周回航続距離の世界記録を樹立し、実用化において成果を示したことがあった（航研機については次節で詳述する）。研究所新設要求は、東京帝国大学航空研究所における研究が基礎に偏（かた）りすぎていて工業化に役立っていないとの認識に基づいていたため、航研機の成果は中央航空研究所設立の必要性を疑問視させたのである。この時にも海軍が、中央航空研究所の設立を改めて強く支持し、研究所は無事に設立されることになった。

海軍からの人的支援

海軍は技術者を派遣して、人的にも中央航空研究所の設立を後押しした。前掲の『航空局五十年の歩み』（一九七〇年）に掲載された荒木万寿夫（あらきますお）（逓信省航空局企画課長）の回想によれば、設立準備の中心を担ったのは、海軍から派遣された西井潔（にしいきよし）（海軍予備役技術大佐）であった。西井は、一九一七年に京都帝国大学理学部物理学科を卒業して海軍に入った技術者で、二〇年四月に渡欧してドイツ・フランスで風洞について学び、二二年末、風洞設計に詳しいドイツ人技術者のカール・ヴィーゼルスベルガー博士とともに帰国した。その後、海軍は、ヴィーゼルスベルガー博士の指導のもと、二つの風洞を建設している。一九三二年に海軍航空廠が開所すると、西井は航空廠科学部風洞課長となり、風洞の拡充のため航空廠上層部への説得工作に駆け回った。航空廠長に提出した上申書は数えきれないほどで、上司である科学部長とトラブルになるほど風洞作りに情熱を傾けた。一九三五年には、航空廠で三つ目となる普通風洞や垂直風洞を作り、一九三六年にはさらに模型高速風洞を完成させたが、肺病のため一九三六年末に予備役となっていた。ちょうど中央航空研究所の建設準備が本格化した頃、病気が快復した西井は、一九三八年七月付けで逓信省航空局航空官となり、今度は研究所新設に奔走したのだった。

航空局では、西井のリーダーシップのもと、中央航空研究所の設備案を決定していった。必要とされた設備は、実物大の航空機模型で実験できる大型風洞、高速機の開発に用いる高速風洞、自由落下する模型の状態を調べることができる垂直風洞、成層圏飛行の研究に必要な真空状態を作ることができる真空チャンバーなどであった。そして、大型風洞を作るにしても、いきなり大きなものを作るのではなくて、準備のための小型風洞を作って実験をしたうえで大きなものを作る、真空チャンバーもまず小型装置で建物を作ってから大きな装置を作るというような段階的な研究所建設の構想を描いていった。

研究所の立地についても、繊細な計測機器を備える必要性から地下一〇メートル以内に岩盤があるところ、水のきれいなところ、大量の電気を使用するので付近に大容量の送電線の通っているところなど、一〇ヵ条ほどの条件を西井が提示して、その条件に合う場所をいろいろと探し求めた末に、東京府北多摩郡三鷹村（現在の東京都三鷹市）の土地が選ばれたという。研究所を建設することになった土地には、いたるところにシイやケヤキの並木があり、のどかな武蔵野の風景が広がっていた。三二万坪の敷地は、丘あり、谷あり、川ありで起伏が多かったが、西井は、このような研究所は研究者が一生骨を埋めるところだから、なるべく自然のままにして、窓をあければ小川がさらさらと流れ、緑におおわれた風景をながめ、目を楽しませながら研究できるようにしなければ心身がもたないと、注文をつけたという。さらに、研究所ができれば多くの従業員が勤めることになるとして、通勤およびレジャー用バスなどの交通手段や独身寮の整備計画も立案された。

中央航空研究所の設立

一九三九年四月、中央航空研究所が開設した。研究所の建設は二期に分けて実施する計画となり、まず、一九三九年度から四三年度までの第一期の五年間で、総額五〇〇〇万円の経費を用いて、すぐに必要な研究設備の建設に着手することとなった。その設備内容は、当初の西井の構想にもあった高速風洞のほ

図31　中央航空研究所

か、高度一万メートルの成層圏の気象状況を作り出すことができる低温低圧風洞、機体や発動機などの工作工場、試作機を飛ばすことができる研究飛行場などである。研究所は、航空に関する総合研究機関として、空気力学のような学術研究から、それを応用した試作機の開発・実験、多量生産を行う際の生産技術まで幅広い研究を行うことを使命とした。このため三鷹村の研究所本所のほかに、神奈川県横浜市磯子区に水上機の飛行実験を行う水上飛行場を、茨城県鹿島郡軽野村（現在の神栖市）に陸上機の飛行実験を行う陸上飛行場を設けた。軽野村の陸上飛行場は、二四〇万坪という広大な敷地を買収して建設が進められた。

中央航空研究所では、設立以降も海軍から派遣された人物が要職を占めた。開設直後には藤原保明（ふじわらやすあき）（逓信省航空局長官）が研究所長を一時兼任したが、一九三九年一二月、初の専任所長に海軍航空廠長を辞したばかりの花島孝一（はなじまこういち）（海軍中将）が就任し、四五年一一月まで在職した。花島は一九〇九年に海軍機関学校を卒業して以降、一九一〇年代前半から一貫して海軍の航空技術畑を歩んできた人物で、その半生は海軍の航空技術の歴史と重なる。第一次世界大戦中には、水上偵察機の整備を担当する海軍機関大尉として青島（チンタオ）基地攻略に従軍し、爆弾投下装置の開発に携わるとともに、自ら航空機の操縦を行った。一九二〇年代には、航空機工業の視察のため二度にわたり渡仏し、足掛け二年間を過ごした。一九三五年一一月には航空廠発動機部長となり、三八年一一月からは航空廠長を務めていた。

設立当初の中央航空研究所は、研究部と建設部の二部から成り、研究所の建設を進めながら研究が行われたが、研究部長には前述の西井潔が就任し、一九四四年に病気で亡くなるまで勤め上げた。中央航空研究所は、設立後の運営においても、海軍とのつながりが強かったのである。

中央航空研究所をめぐる逓信省と海軍の連携の背景には、陸軍の求める「航空省」設置に対してともに反対するなかで形成した協力関係があった。中央航空研究所の設立は、もともとは陸軍が要求したものであったが、逓信省や海軍にとっても魅力的な施策だった。逓信省と海軍は、民間航空の振興という施策を受け入れる一方で、自分たちに都合の悪い「航空省」設置案を共同で葬り去った。「航空省」設置に反対するなかで協力関係を築いた逓信省と海軍は、陸軍を蚊帳の外に置いたまま、連携して中央航空研究所の設立を進めたのである。

東京帝国大学航空研究所の応用研究

航研機

応用研究の拡充を求める陸軍の要求は、既存の航空研究所の運営にも大きな影響を与えた。本節では、陸軍の要求が、一九四〇年（昭和一五）前後における東京帝国大学航空研究所の運営に与えた影響を見てみよう。

東京帝国大学航空研究所は、航空に関する学術研究を行うことを目的に一九一八年に設立された。設立当初の敷地は、東京市深川区（現在の東京都江東区）越中島（えっちゅうじま）の埋立地にあったが、二三年の関東大震災で大きな被害を受けたため、三〇年に東京市目黒区駒場に移転した。研究所には、各種風洞などの研究設備はあったが、航空機を試作するほどの工場設備、試験飛行を行う飛行場、テストパイロットなどを有してはいなかった。学術研究を

図32　東京帝国大学航空研究所（1935年頃）

図33　東京帝国大学航空研究所の大型風洞（毎日新聞社提供）

主体とするという設立時の方針は、一九三〇年代半ばまで大きくは変わらず、研究機を作り飛ばすための設備や人員は必要とされなかったのである。

一九三〇年代後半に実施された「航研機（こうけんき）」のプロジェクトの経緯からも、東京帝国大学航空研究所が学術研究を重視していたことがよくわかる。航研機（正式名称は航空研究所長距離機）は航空研究所が設計した研究機で、一九三八年五月に周回航続距離の世界記録を樹立したことで知られている。周回航続距離の記録は、同じ航路を周回し飛行した距離を測るもので、国際航空連盟（ＦＡＩ）が公認する四種の世界記録の一つだった。一九三四年頃に研究所内の発意によって始まった航研機のプロジェクトに対しては、長距離記録機を作るという開発研究に取り組むことに研究所内から反対の声が出た。東京帝国大学航空研究所は学術研究を行う場所であり、研究機を作ったり飛ばしたりする場所ではないという意見であった。

航研機のプロジェクトでは、研究所内に十分な設備や人員をもたないため、機体の詳細設計・製作、試験飛行については、航空機製造会社や陸海軍に頼らざるをえなかった。基礎設計は航空研究所で行ったが、設計図面の製作と実際の機体製作は、東京瓦斯（ガス）電気工業の大森工場で実施した。一九三八年五月一三日から一五日の記録飛行では、海軍木更津飛

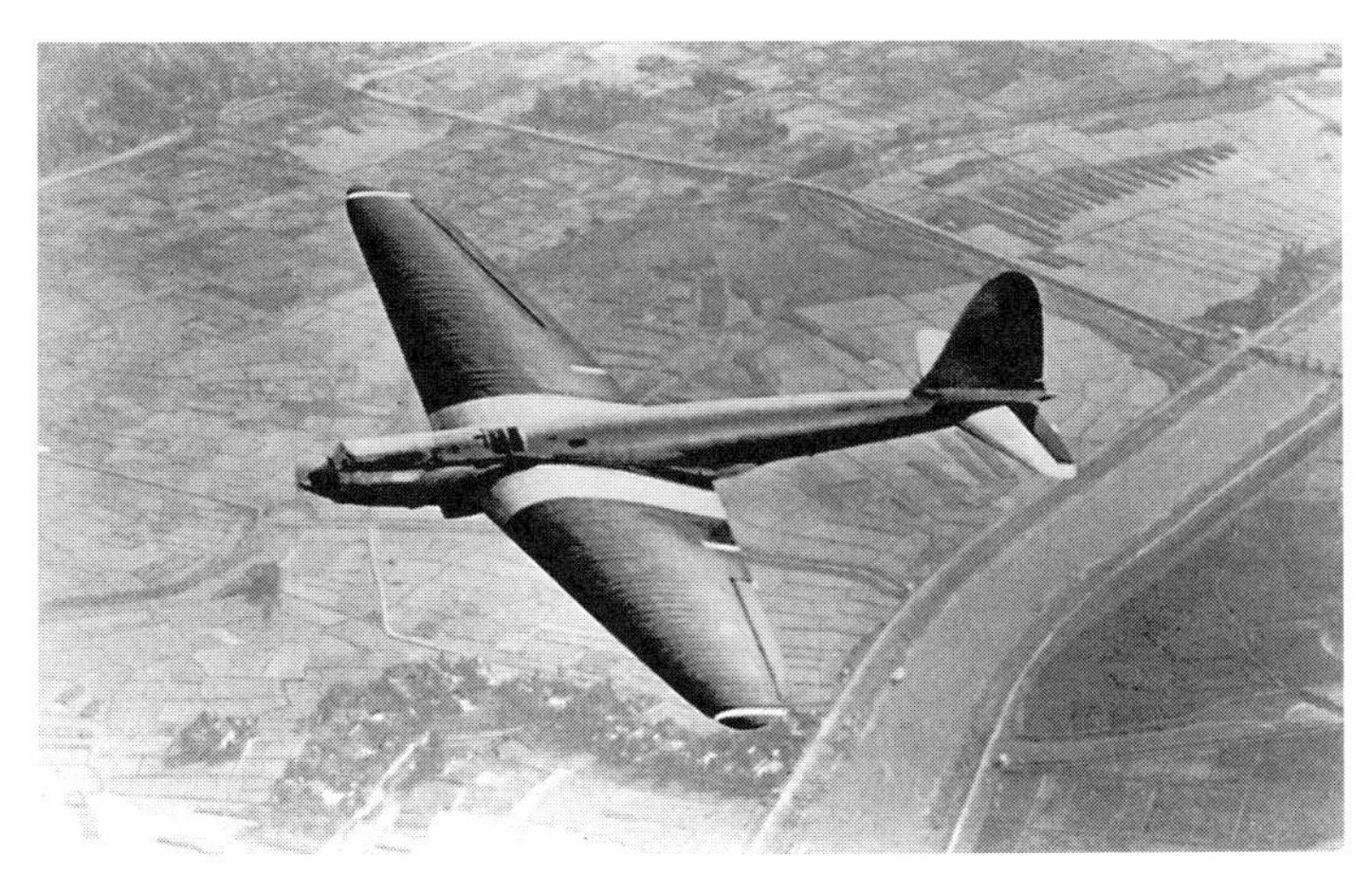

図34　周回航続距離世界記録達成飛行中の航研機（1938年）

行場にある長さ一二〇〇メートルのコンクリート製の滑走路を用いて離陸を行った。航研機は、木更津（千葉県）―銚子（千葉県）―太田（群馬県）―平塚（神奈川県）の一周約四〇二キロのコースを、約六二時間で二九周して、飛行記録一一六五一・〇一一キロの新記録を打ち立てた。これは、日本で初めて樹立された世界記録である。記録飛行の際の乗務員は、陸軍から派遣された陸軍航空技術研究所の藤田雄蔵（陸軍少佐）操縦士・高橋福次郎（陸軍曹長）副操縦士・関根近吉（陸軍技手）機関士の三人だった。

陸軍からの委託研究

一九三〇年代半ばまで、東京帝国大学航空研究所の運営は、学術研究を主体としたものだったが、三〇年代後半、陸軍航空技術研究所からの委託研究が航空研究所全体のプロジェクトとして取り上げられるようになると、研究所は陸軍の研究開発に組み込まれていった。東京帝国大学航空研究所に対する委託研究には、三つの主要な研究があり、これらはすべて陸軍航空技術研究所から受託したものだった。

第一の委託研究は、高高度飛行に関する研究で、一九三八年頃に始まった。一九三〇年代末、風雨の影響を受けない高度一万メートル以上の成層圏での飛行は、各国において現実的な目標となっており、偵察など軍事的観点からも高高度飛行への期待は高かった。このため航空研究所では、陸軍からの委託により研究を開始し、四〇年からは、常用高度八〇〇〇〜一万メートルを目標とする研究機「ロ式B型」の基礎設計に取り掛かった。ロ式B型は日本初の与圧装置を装備した航空機で、アメリカのロッキード社製の輸送機を原型としたため「ロ式」という名称がつけられた。与圧装置とは、大気の希薄な高高度でも、機内の気圧や気温を一定に保つ装置で、高高度飛行を実現するためには必須の設備だった。ロ式B型の細部設計は、一九四〇年秋から立川飛行機で行われ、四一年末には同社で製作が始まった。一九四二年九月に一号機が完成すると、四三年九月には日本初の与圧飛行を実施し、七回の試験飛行により最高高度九二〇〇メートルを達成した。ロ式B型の試作経

図35　高高度航空機「ロ式B型」

図36　高速航空機「研三」

験は、高高度飛行を行う軍用機の開発に生かされた。

第二の委託研究は、高速機に関する研究で、一九三九年に陸軍から持ち込まれた。陸軍の依頼は、将来の戦闘機開発に役立つ高速研究機の試作だった。プロジェクトは、一九三九年四月にドイツ機が達成したプロペラ機の世界記録である時速七五五キロを破ることを最終目標としたが、当時の日本における陸上単葉機の最高速度が時速五五〇〜六一五キロであることを考慮して、一号機ではまず時速七〇〇キロを目標とすることにした。航空研究所では、高速機の研究プロジェクトを「研三(けんさん)」と名づけ、一号機を「研三中間機」と呼んだが、陸軍では、軍の試作機の一つに組み込みキ—七八という機体番号をつけた。このような機体番号は、一九三三年以来、陸軍が試作した一連の航空機にそれぞれ付与したもので、この試作機が陸軍の試作計画に組み込まれていたことを示している。基礎設計は一九四〇年初めから東京帝国大学航空研究所で開始され、細部設計および機体製作は、陸軍専属工場である川崎航空機工業岐阜工場において、また、発動機の整備および改修は同社明石工場において行われた。一九四二年一二月に研三中間機が完成すると、川崎航空機工業のテストパイロットにより、各務原(かがみがはら)飛行場で試験飛行が実施され、一九四三年一二月には、高度三〇〇〇メートルで時速六九九・九キロの記録を打ち立てた。この記録は、戦時期日本におけるプロペラ機の最高速度である。

長距離機A―二六

第三の委託研究は、長距離機A―二六の試作だった。これは、東京からニューヨークまでの無着陸飛行を行い、直線長距離飛行の世界記録を目指すプロジェクトで、一九四〇年二月に、朝日新聞社の紀元二六〇〇年記念事業を、陸軍航空技術研究所・陸軍航空本部・東京帝国大学航空研究所が援助するという形式で始まった。紀元二六〇〇年記念事業とは、一九四〇年が、神武天皇の即位から二六〇〇年目にあたることを記念したもので、A―二六という名称は、朝日新聞社のローマ字の頭文字「A」と、紀元二六〇〇年の上二ケタから名づけられた。戦前期、朝日新聞社をはじめとする新聞各社は、航空技術の振興と話題作りによる販売促進を兼ねて、さまざまな記念飛行を企画した。一九三七年に東京―ロンドン間の連絡飛行を行った朝日新聞社の神風号や、三九年に世界一周飛行をした毎日新聞社のニッポン号は、大人気となっていた。

A―二六は表向きは朝日新聞社の事業であったが、試作機に機体番号キ―七七がついていることからもわかるように、実質的には陸軍の試作機だった。試作機の基礎設計は、同年三月頃から、主に東京帝国大学航空研究所が実施し、一九四〇年九月から立川飛行機が細部設計と製作を行った。前述の航研機が特殊な液冷発動機を使用するなど研究機の意味合いが強かったのに対して、A―二六は中島飛行機製の空冷発動機ハ―一一五を改良して使用するなど実用性を考慮して設計された。

一九四二年一一月にはA―二六の一号機が、翌年四月には二号機が完成したが、すでに予定していた東京からニューヨークまでの記念飛行を実施する状況ではなくなっていた。このため陸軍は、完成したばかりの二号機を、日独連絡飛行に使用することを決定した。当時、日独間の連絡経路はほとんど遮断され、人の行き来は潜水艦などを用いて危険を冒して行うほかなかった。ヨーロッパの制空権はすでに連合国側にあり、カスピ海―黒海―ルーマニアを通る最短ルートは撃墜される可能性がきわめて高いため、大きく南に迂回して、シンガポールからインド洋―ペルシャ湾―イラク―シリア―ロードス島を経由するルートを取ることとなった。一九四三年七月七日、A―二六の二号機は、五人の乗務員と東条英機（内閣総理大臣）直々の密命を持つ三人の軍人を乗せてシンガポールを出発したが、インド洋上で消息不明となってしまった。二号機の行方は、現在に至るまで判明していない。

その後の戦局悪化により、ドイツへの連絡飛行が成功する見込みはますます薄くなり、ついに日独連絡飛行は中止が決定され、一号機は、当初の計画通り長距離記録飛行に用い

図37　長距離機Ａ－26

図38　修祓式で飛行中の神風号（1937年）

られることになった。空襲によりすでに内地では電波および燈火の使用が制限され、周回地点での夜間の折り返しに支障をきたす恐れがあったため、記録飛行は満洲（現在の中国東北部）で実施された。一九四四年七月二日から四日、新京（現在の長春）の飛行場を離陸した一号機は、新京—白城子—哈爾浜の一周八六五キロの三角コースを約五七時間で一九周して一六四三五キロを飛行し、周回航続距離の世界記録を樹立した。ただし、この記録は、戦時中のため残念ながら国際航空連盟（ＦＡＩ）から承認を得ることはできなかった。

Ａ—二六試作の経験は、同時期に立川飛行機が開発していた陸軍の長距離爆撃機キ—七四の試作に生かされた。キ—七四は、一九三九年に長距離偵察機として、陸軍が立川飛行機に製作を命じた試作機で、その後の試作計画の修正により、長距離爆撃機として開発された航空機である。一九四二年九月決定の最終案では、爆弾一トンを搭載して航続距離八四〇〇〇キロ・実用上昇限度一万二〇〇〇メートルの性能を持ち、アメリカ本土を片道爆撃できることになっていた。設計メンバーは、立川飛行機でＡ—二六の細部設計を担当した技術者たちだった。一九四四年三月に試作一号機が完成し、同年五月には初飛行に成功したが、試験飛行中に終戦を迎え、実戦で用いられることはなかった。

委託研究の影響

これら三つの委託研究において、東京帝国大学航空研究所は、陸軍における研究機の基礎設計を担当することで、陸軍の研究開発に組み込まれていった。委託研究の影響は、委託プロジェクトだけに留まるものではなく、研究所内における一般的な研究もその進む方向を定められた。高高度飛行に関するプロジェクトでは、与圧を行うキャビンスーパーチャージャーや機密室・防曇(ぼうどん)装置・航空医学・酸素補給・高高度用発動機・排気タービンなどの研究が行われた。高速機のプロジェクトにおいても、層流翼(そうりゅうよく)(詳しくは次章で述べる)・高過給メタノール噴射などの研究がなされた。陸軍からの委託研究は、東京帝国大学航空研究所の研究に新しい課題を提起し、所内における研究の進展に深い影響を及ぼしたのである。

東京帝国大学航空研究所が外部からの委託研究を受け入れた背景には、研究所の研究費の少なさがあった。一九四一年の研究所全体の経常予算は、人件費を含めて七九万円程度で、各部あたりの実験費は年額二万円〜五万円にすぎなかった。これは、発動機部の年間予算で実用発動機一台すら購入することができない状態である。厳しい財政状況下に置かれた研究者たちにとって、研究資金の獲得に直結する委託研究は、研究を進める上で欠かすことができない存在となっていた。研究所では、陸軍だけでなく、海軍や航空機製造会社などからも研究を受託し、年間の委託研究費は合計で二〇万円近くに達していたと思われる。こうした外部からの委託研究費によって、新しい設備の購入費用などをなんとか賄っていたのである。航空研究所発動機部所員だった栗野誠一（くりのせいいち）は、戦後、次のように回想している。

正規ルートからの経費にはあまり恵まれなかったので、ひたすらアカデミックな研究が行われ又行わざるをえなかったのであった。しかし、次第に膨張する人員を養うための人件費の捻出と、研究と実用との遊離を防ぎ、研究設備の充実をはかるために、昭和一〇年（一九三五）三月一日航空研究所受託試験および試作規程が官制として公布され、軍又は民間から委託研究を受けることができるようになった。そしてこの委託研究費によって、僅かながらも年々新しい設備を整え、研究の伸展にそなえるというような極めて変則的な発展を続けたのであった。

（日本航空学術史編集委員会編『日本航空学術史―一九一〇～一九四五』一九九〇年）

経常予算の少ない研究所の運営は、外部からの委託研究費に依存せざるを得ない財政構造になっていたのである。

ここまで見てきたように、一九三七年の陸軍視察団が提起した応用研究拡充の要求は、官立の航空研究所が実施する応用研究の拡大をもたらした。一九三九年に海軍と逓信省の連携で新設された中央航空研究所は、もともとは陸軍の構想に基づくものであり、応用研究の実施を設置目的としていた。また、学術研究一辺倒であった東京帝国大学航空研究所でも、一九三八年以降、陸軍から大規模な研究プロジェクトの受託を開始し、研究機の開発に携わるようになった。陸軍の要求は、国内での応用研究の伸展に大きな影響を与えたのである。

技術封鎖下の研究開発

対日技術封鎖の進展と軍要求の変化

一九三〇年代後半の貿易状況

一九三〇年代、日本の航空機製造会社は、世界的なレベルの航空機を開発できるようになったが、航空機開発を支える、広い意味での研究開発力は十分ではなく、さまざまな形で海外の技術や情報に依存したままであった。このため、一九三〇年代後半に日本に対する技術封鎖および情報封鎖が本格化すると、日本における航空機の研究開発は、重大な影響を受けることになった。以下では、まず当時の技術や情報の流通状況を概観するため、航空技術に関するアメリカの対日輸出規制と、欧米各国によって行われた航空関係を中心とする書籍の輸出制限について見てみよう。

太平洋戦争開始直前の時期に、日本が最後まで貿易を続け、日本と海外との情報の窓口となったのは、ほかならないアメリカであった。一九三〇年代、ブロック経済化と保護主義の台頭によって、第二次世界大戦以前から世界貿易は縮小していたが、一九三九年（昭和一四）九月の開戦により交戦国となったヨーロッパ各国が禁輸措置を取ったことで、日本の対外貿易はいっそうの縮小を余儀なくされた。その後、ドイツからの海上ルートによる輸入も次第に困難となり、一九四〇年には、ポンド圏との通商関係も途絶してしまった。円ブロック内での交易を除くと、日本の対外貿易として最後まで残ったのは、当時、世界最大の輸出国であり、最後まで戦争に巻き込まれなかったアメリカとの交易であった。太平洋戦争の開戦を待たずに、日本の対外貿易は、アメリカに金と生糸（きいと）を輸出し、アメリカから軍需物資を輸入するというバーター的なものになっていたのである。

一九三八年まで、アメリカからの輸入のボトルネックとなっていたのは、貿易赤字による輸入制限の必要性だった。一九三二年以降、世界的に広がった日本製品へのボイコットにより、日本の対米貿易収支は赤字続きで、日本はアメリカからの輸入を制限せざるを得ない状況にあった。これに対して、アメリカ側では、輸出業者を中心に対日輸出にむしろ積極的な姿勢を示し、日本のさらなる輸入制限を引き起こすことになるアメリカ国内での日本製品のボイコットに対して、憂慮の意を示すほどであった。

一九三八年になると、アメリカの対日禁輸政策が、輸入に影響を与えるようになる。最初の禁輸対象に選ばれたのが、航空機とその部品だった。一九三八年六月、日本による中国への爆撃をきっかけに、アメリカ政府は、航空機と航空機に搭載する機銃・発動機・爆弾・魚雷などの輸出を規制したのである。さらに一九三八年七月一日、アメリカ国務省は、航空機の輸出に関わる関係者に対し、アメリカ政府の方針に従うように通達を行った。一九三八年時点の禁輸措置は、アメリカ国務省が、アメリカ国内の航空機製造会社や輸出業者に対して、自発的な対日輸出の中止を求めたものであり、「道義的禁輸（モラル・エンバーゴ）」と呼ばれた。アメリカ政府の要請にもかかわらず、アメリカの航空機製造会社のなかには、対日輸出を継続するものもあったが、禁輸措置は今後さらに強化されることが懸念された。一九三九年一月一一日の『東京朝日新聞』によれば、三八年夏にアメリカのコーデル・ハル国務長官が日本に対して軍用機の輸出をなるべく控えるよう警告を出して以来、それまで日本と取引関係にあったカーチス・ライト社などアメリカの約半数の航空機製造会社は、日本に対する反感や輸出許可の取得困難のため、日本との取引を拒絶するようになった。一方、ロッキード社・ダ

モラル・エンバーゴ

グラス社・マーティン社などは、輸出許可さえ取れれば喜んで取引するとして、数量は少ないが依然、日本に対して航空機およびその部品の輸出を続けており、特に航空機の部品についてはほとんど支障がないという。『東京朝日新聞』は、こうした状況を受け、今後は、海外の航空機製造の最新状況を知ることがますます困難になるとし、これを機会に航空機の生産、特に部品の大量生産設備を拡大して、アメリカの対日圧力に対応することが急務だと報じた。

一九三九年以降、アメリカ政府の対日禁輸政策は、次第に実効性を高めるとともに、適用範囲を広げていった。アメリカ政府は禁輸措置を強化するため、輸出業者にさらなる圧力を加えたのである。一九三九年一月一六日の『東京朝日新聞』によれば、アメリカ国務省は三九年一月一四日、対日禁輸政策に従わない業者名の公開に踏み切った。対象となったのは、対日禁輸政策に従わない「唯一の例外」であるとされたユナイテッド・エアクラフト社であった。ユナイテッド・エアクラフト社は、日本に対して、一〇万二〇〇〇ドルの航空機部品を輸出したとされた。これに対してユナイテッド・エアクラフト社は、一月一九日、アメリカ政府の対日禁輸政策に全面的に従うとの声明を発表した。これ以降、アメリカ政府の意向に背いた日本への輸出は、行われなくなった。

また、一九三九年七月二六日、アメリカ政府は、日米通商航海条約の廃棄を公式に通告した。日米通商航海条約の廃棄は、即座に対日輸出の制限に結び付くものではなかったが、アメリカは日本に不安感を与えることで、日本の行動を牽制しようとしたのである。さらに一九三九年一二月には、航空機用アルミニウムと航空機用ガソリン精製に関するいっさいの技術的情報および機械類を、「道義的禁輸」のリストに加えた。

禁輸措置の拡大

一九四〇年になると、それまでの「道義的禁輸」に代わり、法律に基づく強制的な禁輸措置が取られるようになった。一九四〇年一月二六日、日米通商航海条約の失効により日米貿易は無条約時代に突入し、続いて一九四〇年七月二日には、大統領に兵器と軍需物資の輸出許可権限を付与する国防法が成立した。フランクリン・ルーズヴェルト大統領は国防法の成立を受けて、ただちに「道義的禁輸」の対象であった航空機やアルミニウムなどを含む広範な物資を輸出統制下に置き、さらに一九四〇年七月二五日には、航空機用燃料および潤滑油を対象に追加した。

対日禁輸措置の拡大は、中国において攻勢を強める日本への牽制を意図したものであった。アメリカ政府内では、経済制裁によって日本の中国侵略を阻止できると考える対日強硬派が、大きな力を持っていた。これに対して日本は、一九四〇年五月のオランダ敗北を受けて、オランダ領インドシナに石油などの軍需物資一三品目の対日輸出を保証させ、同年六月のフランス屈服後には、フランス領インドシナに援蔣ルートを遮断する目的で監視団を派遣した。アメリカ側の思惑とは裏腹に、経済的圧迫は日本の南方進出を促進することとなったのである。そして、日本の南方進出は対日禁輸措置のさらなるエスカレーションを引き起こした。

一九四一年になると、アメリカは、第三国経由の再輸出に対しても規制を強化するようになった。一九四一年五月には、アメリカから中南米諸国へ輸出された製品が、日本などの枢軸国へ再輸出されないように許可制が敷かれ、フィリピンにも国防法を施行して対日輸出を禁じた。日本は、アメリカおよびイギリスの経済圏に依存しない「大東亜共栄圏」のなかで自足することを余儀なくされた。すでに一九四一年初めまでに、石油を除く全ての軍需物資の対日禁輸が実施されていたが、さらに四一年八月一日、アメリカは石油の対日全面禁輸を断行した。一九四一年一二月八日の開戦を待たずに、アメリカの対日輸出は実質的にゼロとなってしまったのである。

洋書輸入の拡大

厳しい統制下に置かれた軍需物資の輸入に対して、書籍の輸入は、一九四〇年頃まではある程度順調であった。一九三〇年代における洋書輸入のボトルネックは、貿易赤字への対応策として日本政府が打ち出した洋書輸入制限であった。そうした制限のなかでも、航空機工業など軍需工業に関連する分野の書籍には、優先的な配慮が払われ、むしろ輸入は急激な増加傾向を示した。東京帝国大学の学生新聞だった『帝国大学新聞』が毎年七月頃に掲載していた記事「出版界の趨勢」を見ると、一九三七年から三九年にかけて、理工系学術書の輸入は、対前年比で大きく増えていたことがわかる。一九三七年七月五日の『帝国大学新聞』によれば、洋書輸入全般が好調であり、なかでも軍需工業に関連する工学・化学・機械分野の輸入は、対前年比で一挙に五倍に拡大していた。書店では、工学分野の洋書注文が殺到して在庫切れが続出し、書棚は空スペースばかりになったという。

一九三八年になると、日本政府による輸入制限が強化され、文芸・思想・芸術などの人文系学術書の輸入は著しく減少したが、理工系学術書の輸入は、政府の優先的措置によって増加傾向を維持した。一九三八年七月四日の『帝国大学新聞』によれば、軍需工業に関連する理工系学術書の輸入は好調で、特に航空・人絹・液体燃料分野の輸入は、対前年比で五割の増加となった。この傾向は一九三九年も継続し、航空・船舶・機械・人絹・液体燃料・石炭・化学工業・土木などの軍需工業に関連する分野の書籍の輸入は引き続き活況を見せたと、一九三九年七月三日の『帝国大学新聞』は報じている。同様の傾向は、物理・化学などの純粋科学にも広がっていた。

情報封鎖

一九三九年九月に第二次世界大戦が勃発すると、こうした状況は一変し、各国の輸出規制が、洋書輸入のボトルネックとなっていった。航空関係の書籍には、とりわけ厳しい規制が課せられたことが、一九四〇年七月一日の『帝国大学新聞』から見て取れる。記事によれば、イギリスでは開戦以降、戦時禁制品を取り締まる機関を設けて輸出図書の検閲を強化し、経済雑誌・航空雑誌統計資料の輸出が禁止されたのである。同様の規制はヨーロッパ各国にも広がり、この影響で廃刊となった定期刊行物も出た。一九四一年七月三日の『帝国大学新聞』によれば、イタリアでも開戦以降、航空・経済などの分野のすべての資料輸出が禁じられ、今後さらに、こうした分野の輸出規制は強化されると考えられた。また、アメリカでも航空関係の情報は厳しい管理下に置かれ、アメリカ航空諮問委員会（ＮＡＣＡ）が発行する学術雑誌『テクニカル・ノート（*Technical Notes*）』は、一九四〇年五月発行の第七六三号までしか日本国内では入手できなかった。

一九四一年六月に独ソ戦が始まると、シベリア経由でのヨーロッパからの輸入が止まり、ドイツからの書籍の輸入も困難となった。それまでドイツからは、医学および理工学分野

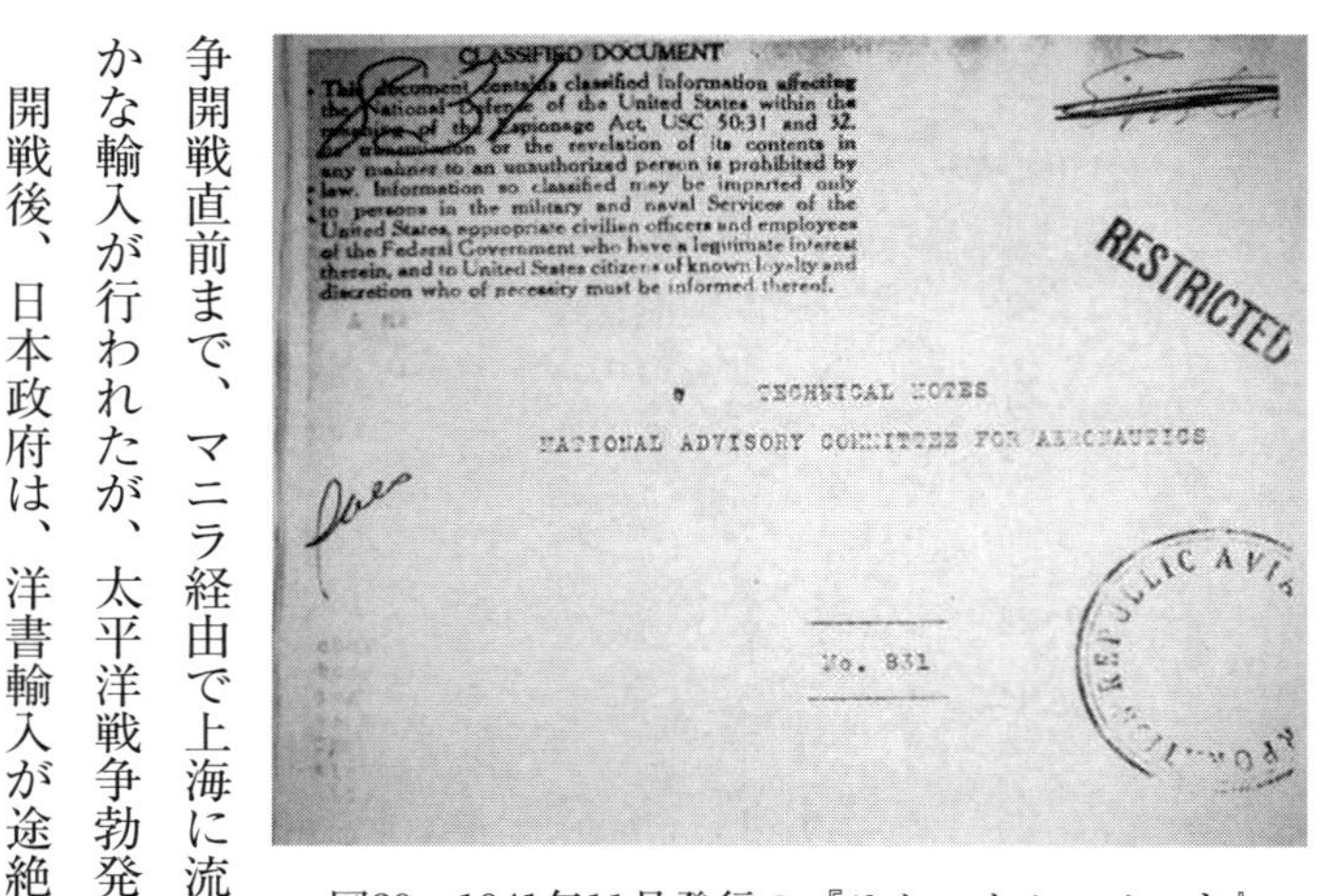
CLASSIFIED DOCUMENT

This document contains classified information affecting the National Defense of the United States within the meaning of the Espionage Act, USC 50:31 and 32. Its transmission or the revelation of its contents in any manner to an unauthorized person is prohibited by law. Information so classified may be imparted only to persons in the military and naval Services of the United States, appropriate civilian officers and employees of the Federal Government who have a legitimate interest therein, and to United States citizens of known loyalty and discretion who of necessity must be informed thereof.

RESTRICTED

TECHNICAL NOTES

NATIONAL ADVISORY COMMITTEE FOR AERONAUTICS

No. 831

図39　1941年11月発行の『テクニカル・ノート』831号　戦後に国会図書館が受け入れたもの

の学術書が多数輸入されていたが、こうした輸入も不可能となってしまったのである。シベリア経由での輸入が停止したのち、しばらくはスイス経由で若干の輸入があったが、それも段々と少なくなった。一九四一年七月三日の『帝国大学新聞』は、独ソ開戦によってシベリア経由の輸入が絶望的になり、書籍の輸入はアメリカ経由のみになったと述べている。一九四一年七月下旬、アメリカおよびイギリスが対日資産の凍結を行うと、洋書輸入はさらに激減した。こうした困難な状況下においても、太平洋戦争開戦直前まで、マニラ経由で上海に流通していた洋書を買い集めるなどして、ごくわずかな輸入が行われたが、太平洋戦争勃発によって、ほぼ途絶することとなった。

開戦後、日本政府は、洋書輸入が途絶えた影響を少しでも緩和するため、アメリカやイギリスなどの書籍の著作権を保護することをやめ、すでに日本国内に持ち込まれていた洋書の翻訳や翻刻を支援する事業を開始した。ここでの「翻刻」とは、外国語で書かれた文献をそのまま外国語で無断発行することを意味する。一九四二年四月には、理工系学術書の翻刻を目的にした出版社、学術文献出版社が設立された。一九四三年七月五日の『帝国大学新聞』によると、翻刻を目的とした出版社は、学術文献出版社など六社に及び、四二年五月から四三年五月までの一年間に合計四七点を翻刻し、それぞれ七〇〇部から二〇〇〇部を発行している。なかでも学術文献出版社は、四七点のうち二九点を刊行し、流体力学や天気予報に関する翻刻書は三版を重ねるなど好評を博した。また、学術経験者を会員とする学術研究会議（現在の日本学術会議の前身）は、一九四三年春以降、会員が所持する書籍一四〇〇点のリストを作成し、このリストに基づき各種研究団体の必要に応じて翻刻を行うことを予定していた。航空分野では実際に一九四四年、学術文献出版社が、アメリカ航空諮問委員会（ＮＡＣＡ）発行の学術雑誌『テクニカル・ノート』の翻刻版を刊行している。これは、大日本航空技術協会が、『テクニカル・ノート』の第五五四号（一九三六年二月発行）から第七六三号（四〇年五月発行）までの記事を、分野別に編集し直したものである。

さらに、海外の研究状況から取り残されることを危惧した研究機関からの要望を受けて、一九四二年八月より文部省は、ドイツで発行された最新の学術雑誌の論文題目を電信で速報する事業を開始した。ドイツから届いた論文題目や論文要約を、一〇〇〇部から三〇〇〇部ほど印刷し大学などの研究機関に配布したのである。一九四三年後半以降には、電信に代わってスイス経由で雑誌を郵送するなど、入手経路を工夫しながら事業は拡大し、四五年三月に、ドイツの戦況悪化により中止せざるをえなくなるまで続けられた。洋書輸入の途絶を克服するために行われたさまざまな施策は、当時の日本国内で学術情報の封鎖が深刻に捉えられていたことを物語っている。

山下視察団

技術および情報の封鎖という差し迫った事態を受けて、国内の航空研究機関は、新たな研究開発上の役割を求められるようになった。一九四一年にドイツおよびイタリアを訪問した陸軍視察団は、海外情報の途絶と関連して、軍外の航空研究機関に対して新技術を生み出す研究環境の整備を要求したのである。この視察団は、一九四〇年九月の日独伊三国同盟条約の締結を受けて、同年一二月から四一年六月に派遣されたもので、視察の主な目的は、第二次世界大戦におけるドイツおよびイタリアの戦争指導、陸空軍の戦略戦術、特に機甲部隊と空軍との協力、陸空軍の制度・編成・装備・訓練・補給などの状況を調査して、国内での軍備の充実に役立てることであった。

視察団は、日本から派遣された一〇名に、ドイツ・イタリア駐在の武官それぞれ約一〇名を加えた総勢約三〇名で、団員・陸軍班・航空班の三つの班から構成されていた。ドイツ派遣時の航空班メンバーは、原田貞憲（はらださだのり）（陸軍航空本部第一課長）・飯島正義（いいじままさよし）（陸軍航空本部ドイツ駐在監督官）・有森三雄（ありもりみつお）（陸軍航空技術研究所所員）・岸本重一（ドイツ駐在員）・木原友二（陸軍技術本部ドイツ駐在員）・中村昌三（なかむらしょうぞう）（ドイツ駐在員）・梼原秀見（陸軍航空本部部員）の七名であった。視察団の報告「独伊派遣軍事視察団報告資料」（防衛省防衛研究所所蔵『陸軍一般史料　陸空　中央　全般』所収）は、軍事体制全般を取り扱ったものだが、細部報告において航空技術および航空機工業に関する詳細な報告を行った。

　視察団は、これまでの視察団と同じように、軍部による航空研究機関への統制強化を主張した。報告は、国内の航空研究機関がよりいっそう総合的な研究効果を発揮できるように、軍部が主導して統制指導を強めることを求めた。そのためには豊富な研究費の支給によって、研究機関の隷属系統に関わりなく、自ずから軍部の要求に帰趨させることが必要だと論じた。報告によればドイツでは、政府と航空機製造会社が共同出資する六つの航空研究機関が、実質的に空軍の統制指導下で「学理と生産の中間に位置する基礎実験的研究」を実施している。これらの航空研究機関における研究項目は、年一回空軍省に提出され、空軍省において割り振られた区分に従い、空軍省あるいは航空機製造会社が研究費用を負担する。その結果、これらの航空研究機関で行われる研究項目の八〇パーセントは、空軍省の研究だという。また、大学の研究所は完全に文部省に隷属し純学術的研究を実施するが、空軍省は研究委託や指示を与えることにより、軍部の期待する重点に研究を向けさせているという。ドイツでの研究費用の拠出方法は、国内においてすでに東京帝国大学航空研究所に対して陸軍が行っている方法をより徹底したものであった。視察団報告は、国内での官民による「基礎実験的研究」が、この二、三年でようやく進展し始めたと評価しつつ、工業化に結び付く応用研究のさらなる発展を求めた。

「独創的技術発達の温床」を要求

さらに一九四一年の視察団は、これまでの視察団が取り上げなかった情報封鎖に対する危惧を初めて表明した。視察団は、従来入手できた欧米研究機関の発表資料がドイツを除いては入手できなくなった状況を指摘し、こうした情報封鎖に対抗するため、自給自足の研究体制を整え、欧米の水準を突破して技術の最高峰に到達するために、官民の研究機関を拡充強化することを強く主張したのである。

情報封鎖を打ち破るべく視察団が求めたのは、新技術の開発能力であり、広範囲の研究を継続することだった。報告は、優秀な航空兵器を考案するためには、不断の研究継続と製造技術に対する経験の累積とを待たなければならないと主張する。そして、これまでの日本における航空技術の発達においては、欧米各国に追いつくことを追求するあまり外国模倣が過ぎたとして、今後は、現状における一般的趨勢に捉われることなく、広範囲にわたる研究を継続して「独創的技術発達の温床を培養」することを求めた。報告によれば、ドイツでは不断の研究継続の成果として、航空用重油発動機や燃料噴射式発動機などを実用化したという。「独創的技術」とは、こうした発動機などを指すものと考えられる。視察団は、短期的な研究動向や目先の成果を追うことなく、より長期的な視点に立って、新技術の開発能力の向上を求めたのである。

一九四一年の視察団は、これまでの視察団とは異なり、具体的な新技術の名前をあげて研究の方向性を統制しようとした。報告で提起されたのは、成層圏飛行に関する機体・発動機・装備品・航空医学や、強化木材プロペラ・燃料噴射式発動機・液冷発動機で、これらの新技術は、いずれもドイツにおいて進んでいる最新の研究課題であった。視察団のいう「学理と生産の中間に位置する基礎実験的研究」とは、従来までの応用研究のほかに、こうした新技術の開発をも含むものだった。一九四一年の視察団の最大の特徴は、こうした研究課題を国内でも追求しようとしたことである。

視察団報告は、一九三七年の視察団とは異なり、陸軍省を通じて内閣に影響を与えることはなかった。帰国後、視察団団長であった山下奉文（やましたともゆき）（陸軍航空本部長）が、空軍独立をめぐって東条英機（とうじょうひでき）（陸軍大臣）と意見が合わず、地方の司令官へと左遷されてしまったからである。一方、視察団航空班のメンバーは航空本部の幹部に留まったので、報告における認識は、陸軍航空本部の業務を通じて航空研究機関に影響をもたらすこととなった。

技術院の設立

視察団の要求は、一九四一年以降、企画院が進める科学技術動員と結び付いて、研究機関に影響を及ぼした。企画院は、戦時統制経済を推進した内閣直属の事務機関で、科学技術関係の部署には、高度な理工系の専門的知識を持つ技術官僚が集まり、科学者および技術者を動員する計画の実現に向けて邁進していた。技術官僚が動員計画に必死になった裏には、官僚組織内での地位向上と国家政策への発言権の拡大を目指す大正時代以来の悲願があった。科学技術動員が戦争の勝敗に対して決定的な重要性を帯びるようになった状況下で、技術官僚による運動が活発化し、一九四二年二月には、科学技術の中枢機関として技術院が設立され、技術官僚の悲願は、部分的ながら実現することとなった。

技術院の設立と航空研究機関の拡充は、科学技術動員という共通の目的のもとで計画されたものだったが、それぞれが固有の推進主体と起源を持つ独立した問題であった。この二つの問題は、陸軍の要求を通じて、奇妙な接点を持つことになった。技術官僚によって当初想定された技術院は、技術行政の統一機関を目指すものであり、その行政領域はあらゆる部門の科学技術を対象とする計画であった。しかし、技術院の設立は、自らの行政領域を手放したくない既存官庁からの反発を受け難航した。こうしたなか、陸軍が行政対象を航空技術に絞るように強く要求したため、結局、技術院は、航空技術の振興を中心とする行政機関として設立されることになった。

技術院の設立にともない、逓信省（ていしんしょう）所管の中央航空研究所は、技術院の監督下へと移管された。中央航空研究所の移管が決まった背景には、海軍のペースで建設が進む中央航空研究所の運営に対する、陸軍の不満があった。逓信省航空局で中央航空研究所の設立準備に関わった松浦四郎（逓信省航空局職員）は、航空局を動員して勢力の拡張をはかる海軍に対して陸軍が反発し、技術院の航空重点化を主張するとともに中央航空研究所の技術院への移管を主張したと、日本航空協会編『日本民間航空史話』（一九六六年）のなかで回想している。陸軍は、中央航空研究所の建設における海軍と航空局の連携に反発し、主導権の回復をねらって中央航空研究所の内閣への移管を望んだのである。また、自己の影響力を確保するため中央航空研究所を監督下に置くことになる技術院の人事にも介入した。松浦四郎によれば、一九四一年一〇月頃、企画院第七部の技術者との会合の席上で、内田厚生（陸軍中佐）から、和田小六（わだころく）（東京帝国大学航空研究所長）を技術院次長に推薦したいと言い渡されたという。和田小六は特別に陸軍よりの人物ではないが、陸軍としては影響を及ぼしがたい人物が技術院の要職に就任することを嫌って、和田小六を推薦したと考えられる。

技術院での研究計画

陸軍視察団の要求は、新設された技術院の指導を通じて、航空研究機関へと影響をもたらした。陸軍が技術院での航空研究に求めたのは、基礎的分野での貢献だった。技術院には、第一部から第四部まで四つの部があり、このうち第二部が航空技術を担当した。一九四二年八月三日付けで技術院第二部が作成した「航空技術躍進のため現在実施または計画中の事項」（国学院大学図書館所蔵『井上匡四郎文書』所収）では、陸海軍の負担を軽減するために、航空兵器の研究における「比較的基礎的と見られる科学技術」を技術院において実施する方向で陸海軍と話し合っており、将来の航空機の高速化・高高度化などに関わる基礎的重要問題の解決に特に力を注ぐつもりだと記されている。

技術院は、航空研究の指導統制機関として、航空研究機関の拡充を行う「航空研究体制整備五ヵ年計画」を立案した。計画によれば、既存の東京帝国大学航空研究所や中央航空研究所などの研究機関を拡充するほか、新たに流体力学研究所・航空無線電気研究所・航空医学研究所・航空軽金属研究所など二一ヵ所の航空研究機関を新設し、技術院の一元的統制指導のもとで研究を実施する予定であった。技術院における航空研究機関の拡充計画は、陸軍が繰り返し要求してきた研究統制機関の設置と研究機関の拡充を、形を変えて実現しようとするものだった。技術院で立案された計画は、一九四二年一〇月二二日に「航空研究体制の整備に関する件」として閣議決定された。

技術院監督下の航空研究

一九四一年の視察団報告が求めた研究課題は、実際に技術院での研究課題として取り上げられた。「昭和十七年度技術院第二部業務年報」（前掲文書所収）によれば、一九四二年度の予算により技術院で取り上げられた研究課題のうち、視察団報告と関係する課題は、南方高層気象の研究、成層圏気象の研究、高高度飛行の医学的研究、航空発動機の高高度性能向上の研究、航空発動機の構造強化の研究、航空発動機冷却に関する研究、積層木材プロペラの研究、高高度高速機用計測器の研究の八件にのぼり、一九四二年度に技術院第二部で扱われた研究課題のうち、金額ベースで半分近くを占めた。一九四三年度においても、ほかの研究課題の増加により割合は減少したが、これらの研究課題は引き続き実施された。

研究機関の拡充については、計画された二一ヵ所の研究所のうち、一九四五年までに航空軸受研究所や滑空研究所など一〇ヵ所が設立された。また、技術院の監督下に置かれた中央航空研究所においても、戦争により建設用資材が極度に逼迫するなかで、少しずつ施設の建設を進め、一九四四年末までに、中型高速風洞や工作工場をほぼ完成させた。

このように、陸軍の航空関係者が求めた新技術の開発や航空研究機関の拡充は、技術院を通じて、ある程度実現した。技術や情報の封鎖という事態を克服するために、戦時下にもかかわらず、目先の成果にとらわれない幅広い新技術の開発が推進されたのである。

戦時下の基礎的研究と機種開発

対日封鎖により海外の技術や情報に依存できないという状況のもと、海軍航空技術廠や東京帝国大学航空研究所においても、さまざまな新技術の開発とそのための基礎的研究が行われた。戦時中、海軍航空技術廠で実施された代表的研究に、ジェットエンジン「ネ二〇」の開発がある。

ジェットエンジン「ネ二〇」

ネ二〇は海軍航空技術廠が石川島重工業などと協力して、太平洋戦争末期に開発に成功した日本初のジェットエンジンである。ネ二〇の「ネ」は、「燃焼ロケット」の頭文字から取ったもので、当時、ジェットエンジンのことを「燃焼ロケット」と呼んでいたことに由来している。ジェットエンジンとは、圧縮した空気に燃料を吹き込んで燃焼させ、生じた高温高圧のガスを噴出させてその反作用で推進力を得る装置で、現在のジャンボジェット機などの旅客機でも用いられている発動機である。戦時中の多くの航空機は、プロペラを回し推進力を得るプロペラ機だったから、まったく異なるメカニズムをもつジェットエンジンは次世代の新技術と目されていた。ドイツ・イギリス・アメリカなどの各国は、飛躍的な高速化を実現しうるジェットエンジンの開発にしのぎを削り、戦時中、急速に開発が進んだ。戦争末期には、ドイツやイギリスで実用機が開発され、実戦でも使用された。

図40　ジェットエンジン「ネ20」

　日本では、海軍航空技術廠の種子島時休（海軍技術大佐）を主任とする研究グループが、ジェットエンジンの研究開発に取り組んだ。種子島は、鉄砲伝来で知られる種子島時尭の子孫で、一九三三年（昭和八）に東京帝国大学工学部航空学科を卒業し海軍に入った技術者である。一九三六年から三八年にヨーロッパに派遣され、フランス・ドイツ・イタリア・スイスなどの研究状況を視察した際、スイスでジェットエンジンに関する研究が行われていることを知ったのが、その後の研究の発端となった。帰国後、航空技術廠発動機部に勤務することになった種子島は、試作発動機のテストや航空部隊からのクレーム処理に従事するかたわら、ジェットエンジンに関わる基礎的研究にとりかかったのだった。

その後、太平洋戦争開戦直後の一九四二年一月、種子島の提言により、発動機部にジェットエンジンを研究するグループが正式に発足し、研究は本格化した。種子島を主任とする研究グループは、ジェットエンジンに関する理論的研究と、燃料を燃焼して推進力を計る実験などを重ね、ついに一九四三年秋頃、初のジェットエンジンを試作するところまで漕ぎつけた。しかし、燃料を燃やす燃焼室の部分に過度の加熱が生じるなどの問題が発生し、東京帝国大学や理化学研究所の研究者の協力を得て改良に努めたものの、ジェットエンジンの実用化はなかなか進展しなかった。

ドイツからの技術情報

難航していた開発は、ドイツからもたらされた情報によって急進展することとなった。一九四四年七月、ドイツから戻ってきた潜水艦が、メッサーシュミット社のＭｅ二六二ジェット戦闘機に搭載されているＢＭＷ社のジ

図41　特攻機「橘花」

ェットエンジンの断面写真一枚を持ち帰ったのである。Ｍｅ二六二ジェット戦闘機は、世界初のジェット戦闘機で、ドイツにおいても一九四四年半ばに、実戦配備が始まったばかりの新鋭機だった。潜水艦でシンガポールまで運ばれた断面写真は、上陸した巌谷英一（海軍技術中佐）の手によって、急ぎ航空技術廠に持ち込まれた。ジェットエンジンに関する詳しい資料は、潜水艦に積まれており、そのまま日本まで潜水艦で輸送される予定であったが、日本への航海の途中、アメリカ海軍の潜水艦から攻撃を受けて沈没してしまった。このため、航空技術廠に届いたのは、ジェットエンジンの断面写真一枚だけだったが、種子島はこの写真を見て、ただちにすべてを察したという。

種子島らは、急遽、ドイツから届いた断面写真を参考にして、設計を見直すことを決定した。ドイツのジェットエンジンは、基本的な原理は同じであったが、燃焼室を長くして過度の加熱を防ぐなど、随所に工夫がほどこされていた。種子島らのグループは、一九四五年五月頃、疎開先の神奈川県中郡秦野町（現在の秦野市）で、ドイツの設計を取り入れた改良型のジェットエンジン「ネ二〇」を完成した。ネ二〇は、中島飛行機が製作する特攻機「橘花」に搭載されることとなった。橘花は、一九四四年後半から海軍が計画した特攻専用機で、爆弾五〇〇キロを積んで敵艦に体当たり攻撃を行うという想定で開発が進んでいた。終戦直前の一九四五年八月七日、木更津飛行場で、ネ二〇を二基搭載した橘花の試験飛行が実施された。機体は発進二五秒後に離陸し、高度五〇〇メートルで一一分間の水平飛行に成功したのち、着陸した。水平飛行時の速度は、時速三三三キロだった。これは日本初のジェット機による飛行である。「ネ二〇」の開発は、最終段階でドイツの情報を利用してはいたが、国内での研究の積み重ねのもとで成し遂げられたものであった。

層流翼

一方、東京帝国大学航空研究所で開発された代表的な新技術には、層流翼がある。層流翼とは、航空機の翼表面の空気の流れをスムーズにすることで、翼の摩擦抵抗を低減し、より高速な航空機を実現しようとするものである。一九三〇年代半ば、航空機の機体は流線形が主流となり、飛行の際の空気抵抗は、従来型の航空機に比べて格段に減少してきたため、主翼の摩擦抵抗の軽減が、次の重要な研究課題となっていた。主翼の摩擦抵抗は、主翼表面を流れる空気の状態によって大きく変化する。主翼表面における空気の流れについては、ドイツやイギリスで一九二〇年代から精力的に研究が行われており、流れがスムーズな「層流」の時には翼の摩擦抵抗が少ないが、空気の流れる速度が上昇するなどして、流れが乱れる「乱流」になると摩擦抵抗が急激に増加することがわかっていた。こうした空気力学の理論をもとに、主翼表面のできるだけ多くの部分で層流を保つように翼型を工夫したのが層流翼である。ここでは主に、橋本毅彦『飛行機の誕生と空気力学の形成』（二〇一二年）をもとにして、日本を中心とした層流翼の開発を見てみよう。

空気力学の理論的研究はドイツやイギリスで先行したが、初めて層流翼を発明したのは、アメリカ航空諮問委員会（ＮＡＣＡ）の技術者イーストマン・Ｎ・ジェーコブスだった。ジェーコブスは、イギリスで進んでいた研究の情報を入手し、一九三八年に層流翼を発明した。層流翼は、一九四〇年初頭、アメリカ陸軍の新型戦闘機Ｐ―五一マスタングに採用された。層流翼を用いた初の航空機であるＰ―五一マスタングは、第二次世界大戦後期のアメリカ陸軍の主力戦闘機となり、戦略爆撃機Ｂ―二九の援護戦闘機としても用いられた。

同時期、日本でも、海外の情報を参考にしながら、独自に層流翼の研究が行われた。日

図42　谷　一郎

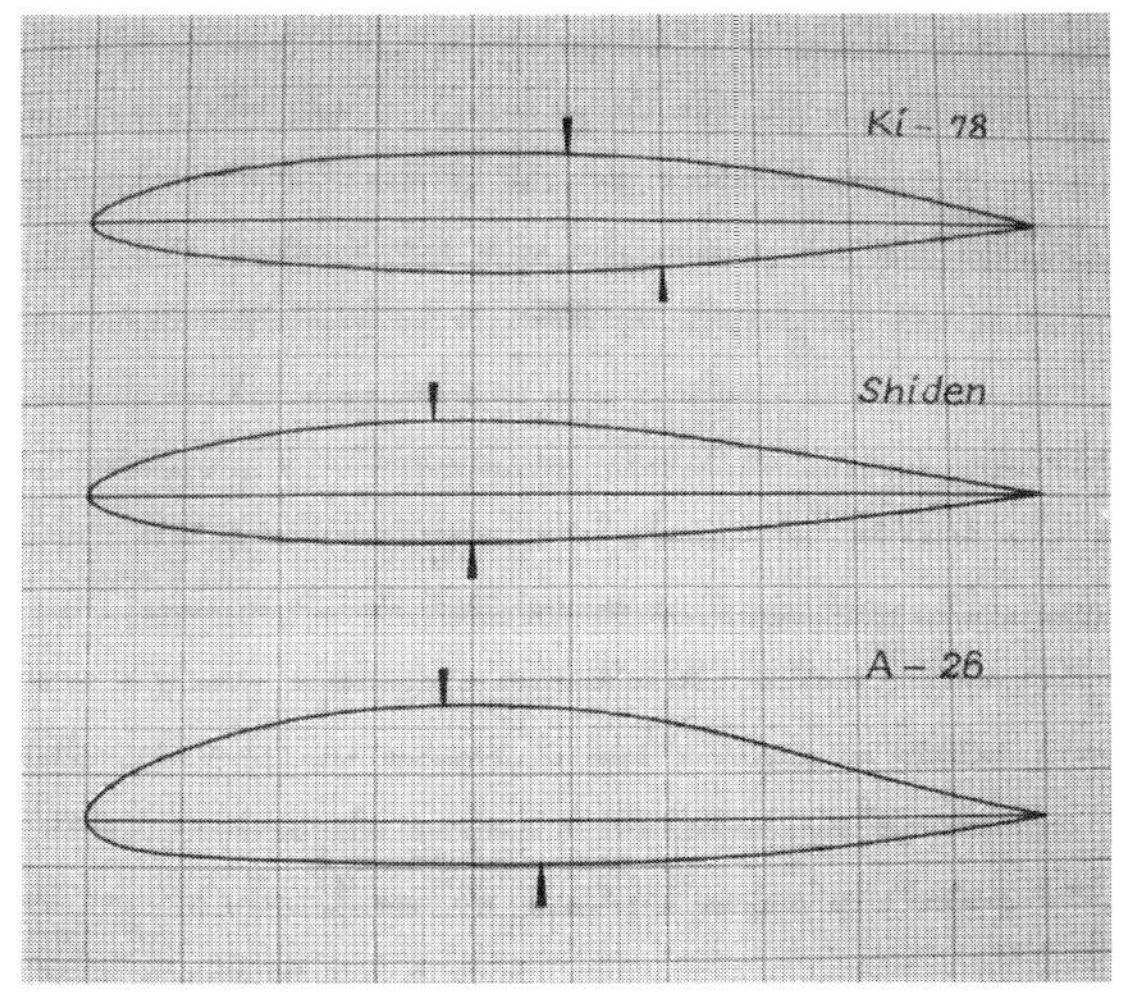

図43　谷設計の層流翼デザイン図

本で層流翼の研究に取り組んだのが、東京帝国大学の谷一郎（航空研究所所員）である。谷は、一九三〇年に東京帝国大学工学部航空学科を卒業後すぐに航空学科講師となり、三二年には二五歳で助教授となった俊才で、三三年以降は航空研究所所員を兼務した。外国の研究機関に滞在したことはなかったが、一九三四年に設立された日本航空学会において、空気力学に関する海外の論文を報告する役職についていたため、海外の研究動向にも精通していた。一九三四年から四〇年までの七年間に『日本航空学会誌』に投稿した論評で、谷が取り上げた海外論文は、約三五〇本にのぼる。論文は、英語・フランス語・ドイツ語・イタリア語にわたり、各国の研究を網羅していた。

アメリカからの情報

海外の最新の研究動向を熟知したうえで、谷は一九三八年八月から、主翼表面の空気の流れについての研究を開始し、さらに翌年一月には、層流翼の開発に本格的に着手した。谷が層流翼の研究に取り組むことになった直接のきっかけは、航空学科の同期生である菊原静男（川西航空機技師）から、翼面の空気の流れをすべて層流にして主翼の摩擦抵抗を減少することができないだろうか、との相談を受けたことだった。菊原は、航空学科卒業後に川西航空機に入社し、九七式大型飛行艇・二式大型飛行艇などの設計に携わった技術者である。谷は、当初、翼面の空気の流れを層流に保つような翼型を設計することは難しいと考えていたが、一九三七年以降、友人の菊原から高速機用の翼型開発を繰り返し要求されたため、原理的なところに立ち返って考え直してみようと思ったのだった。

さらに、アメリカで層流翼の研究が進んでいるとの情報が、谷の研究意欲を高めた。谷は、一九三九年半ばに、アメリカの航空専門誌に掲載された記事を見て、アメリカ航空諮問委員会（ＮＡＣＡ）が層流翼の開発に成功したことを知ったという。記事には、主翼表面のほとんどの部分を層流に保つことで空気摩擦を大幅に低減させる新型翼型が開発されたと記されていたが、設計原理の詳細は国防上の理由から秘密とされていたため、新型翼型の理論的背景や仕様の詳細についての情報を得ることはできなかった。

独自性と限界

層流翼の開発のためには、主翼表面の空気の流れについての大量の理論計算と、風洞実験を行うことが必要だった。谷は、研究の一部を、航空学科の学生に課すなどして研究を進めていった。研究成果がまとまると、一九四〇年、東京帝国大学航空研究所の発行する学術雑誌に数編に分けて発表された。海外では国防上の理由から、層流翼に関する研究の詳細は非公開とされていたので、谷らの論文は、層流翼の設計の原理を公表した世界初の論文となった。論文が公表されると、層流翼の考案は、国内の航空技術者の間に広がり、陸海軍・航空機製造会社などで研究はさらに発展していった。谷の開発した層流翼は、東京帝国大学のスクールカラーである淡青色（Light Blue）の頭文字を取ってＬＢ型層流翼と呼ばれるようになった。谷自身も、一九四一年以降、ＬＢ型層流翼を採用した試作機の飛行試験や、主翼表面の空気の流れに関するさらなる基礎研究を行っている。

谷による層流翼の開発は、事前にアメリカにおいて層流翼が発明されたことを知ったうえでなされたもので、厳密には、独立して行われものとはいえない。しかし、アメリカで行われている研究について、詳細な情報が入手できない状況で、独自に設計の原理を明らかにし、開発は成し遂げられた。種子島によるジェットエンジンの開発と、谷の層流翼の開発は、当時の日本の航空研究者たちが海外の最先端の研究を十分に咀嚼し、自分たちの手で新しい技術を発展させうるだけの力を持っていたことを示している。

それでは、戦時下で行われた基礎的研究や新技術の開発は、戦時下における新機種の開発とどの程度、結び付いていたのだろうか。以下では、実際の戦闘が進むなかで陸海軍の作戦構想が変化したことを追うとともに、戦略上から見て重要な機種に新技術が生かされていたことを示して、基礎的研究と新機種の開発が密接に結び付いていたことを明らかに

表５　海軍生産計画

1944年度（1943年９月時点）

戦闘機	爆撃機・攻撃機	偵察機	練習機	その他	合　計
10,950機	6,700機	970機	5,045機	2,429機	26,094機

1945年度（1945年１月時点）

戦闘機	爆撃機・攻撃機	偵察機	練習機	その他	合　計
12,800機	2,300機	1,800機	1,000機	1,300機	20,000機

する。

戦時下の生産機種の重点変化

太平洋戦争開戦前に海軍が想定していた作戦構想は、たった一度の主力艦同士の艦隊決戦によって戦争全体の勝敗を決するというものだった。しかし、現実の戦争では、海軍が想定したような艦隊決戦は起こらず、太平洋の島々をめぐって争奪戦を続ける長期戦となった。戦争のあり方の変化にともない、艦隊と無関係に敵の艦艇や航空基地を攻撃することができる基地航空隊の役割が大きくなっていった。戦時中、海軍は、戦闘機・爆撃機・攻撃機・偵察機・飛行艇など多くの機種を試作したが、生産の重点機種は次第に、陸上基地から出撃して敵の艦艇や航空基地を攻撃する陸上攻撃機と、味方の攻撃機を援護したり敵の爆撃機を迎撃したりする戦闘機に絞られていった。

戦争末期になると、とりわけ戦闘機を重視するようになり、一九四五年一月改訂の四五年度の生産計画では、海軍の全生産予定数の六割以上を戦闘機が占めるほどとなった。一九四五年一月改訂の生産計画を機種別に見ると、戦闘機では、「紫電改」が一万一八〇〇機と圧倒的に多い。爆撃機・攻撃機では、爆撃機であるにも関わらず雷撃も可能な陸上爆撃機「銀河」が一二〇〇機と多かった（防衛庁防衛研修所戦史室編『戦史叢書　第九五巻　海軍航空概史』一九七六年）。

「紫電」「紫電改」

戦争末期の海軍の重点機種「紫電改」は、川西航空機が開発した局地戦闘機だった。局地戦闘機とは、航空基地から出撃して防空を担う戦闘機で、敵爆撃機を撃墜できる強力な武装と上昇力が要求された。海軍では、艦隊決戦を中心に軍備を進めてきたため、局地戦闘機の開発が遅れ、一九三九年に初めて、三菱重工業に一四試局地戦闘機（のちの「雷電」）の開発を命じたものの、なかなか試作が進まず、開戦時になっても実用化できていなかった。このため、一九四一年一二月に川西航空機が海軍に対して、同社の水上戦闘機「強風」を局地戦闘機に改造することを提案すると、海軍は川西航空機の提案を認め、試作が始まった。川西航空機は、それまで水上で離着陸できる水上機を主に生産してきたが、今後、防御力に欠ける水上機の需要が減り、その一方で、占領地の拡大を受けて、占領地の防空を担う局地戦闘機の需要が増すことを見越し

図44　水上戦闘機「強風」

図45　局地戦闘機「紫電改」

て、開発に乗り出したのだった。

一九四四年一〇月に制式採用された「紫電（しでん）」は、最大速度が時速五八三キロと高速で、武装も二〇ミリ機銃四丁を装備し強力だった。さらに、一九四五年一月には、主翼の位置を機体胴体の中段から下端に移して前方下の視界を改善する改修を施した紫電二一型が制式採用された。紫電二一型は、大幅な改修を経ているため、「紫電改」と呼ばれた。紫電改は、戦略爆撃機「B―二九」による空襲が本格化した一九四五年初めには、本土防衛に備えて既述のとおり海軍の主力生産機種に選定されたが、空襲の激化や資材不足などのため、予定どおりの生産を行うことができず、実際の生産機数は、紫電一〇〇四機・紫電改四〇〇機の合計一四〇四機に留まった。

水上戦闘機「強風」・局地戦闘機「紫電」「紫電改」の最大の特徴は、東京帝国大学航空研究所の谷一郎が開発した層流翼を採用したことであった。これら三機種を開発したのは、谷に層流翼の研究を促した菊原静男（川西航空機技師）で、開発されたばかりの層流翼を早速、新機種に採用したのだった。しかし、当時の日本の工作技術では、主翼表面の空気の流れを層流に保ち摩擦抵抗を減らすという層流翼の性能を理論どおりに実現することは難しかった。層流翼の特性を生かすためには、主翼の表面を滑らかにして空気の流れを層流の状態に保つ必要がある。必要とされる主翼表面の滑らかさについて、谷は、表面に〇・一ミリ以上の凹凸がないようにして欲しいと、戦時中に述べている。しかし、当時の日本の航空機製造工場では、これほどの滑らかさを実現することは困難だった。戦争末期、撃墜されたP―五一マスタングの機体表面の滑らかさを見た谷は、「美しい」表面に羨望を覚えたと、戦後回想している。

四式重爆撃機「飛龍」

海軍同様、陸軍の作戦構想も大幅な修正を余儀なくされた。そもそも陸軍は、ソ連を仮想敵国として長期にわたって軍備を整えてきたが、太平洋戦争の戦域は、広大な太平洋の島々であり、事前の想定とは全く異なっていた。このため陸軍機は、太平洋戦争中、常に航続距離不足に悩まされることとなった。また、優秀な技術力と巨大な工業生産力を持つアメリカを相手に、想定どおり航空撃滅戦を貫徹することも困難だった。開戦当初のマレー半島攻略戦では航空撃滅戦を実施し戦果をあげたが、一九四二年後半以降、アメリカ軍の反攻が始まると、日本の航空戦力は劣勢に立たされ、航空撃滅戦を避けるようになった。敵航空部隊と正面からぶつかれば、消耗戦に陥り、甚大な損害を受けることになる。そのため、敵航空部隊と正面から戦うことを避け、上陸する敵の艦船、特に輸送船に攻撃を集中する戦法を取るようになった。

図46　四式重爆撃機「飛龍」

戦法の変化は、航空機の開発にも影響を与えた。敵艦船への攻撃力を重視するようになったのである。一九四三年一月作成の「航空兵器研究および試作方針案」(防衛庁防衛研修所戦史室編『戦史叢書　第八七巻　陸軍航空兵器の開発・生産・補給』所収)では、地上および海上の敵を攻撃するための急降下爆撃機を新たに試作機種に追加し、急降下爆撃機および近距離爆撃機の任務として、敵艦船を攻撃することを初めて明示した。この試作方針をもとに開発を開始した航空機は、実戦には間に合わなかったが、試作方針の改訂は、陸軍が用兵思想を修正し、新たな方針に基づく航空機の開発を進めようとしていたことをよく示している。

一九四四年後半以降、艦艇への攻撃力を重視した陸軍が重点生産機種に指定したのが、四式重爆撃機「飛龍」だった。飛龍は、敵艦船の攻撃に適した急降下爆撃機で、一九三九年一二月に、陸軍が三菱重工業に試作を指示して開発が始まった。試作時における陸軍の要求は、最大速度が時速五五〇キロ、五〇〇キロ爆弾を搭載して行動半径一〇〇〇キロ、攻撃の際は急降下爆撃可能な双発重爆撃機というものだった。小沢久之丞（三菱重工業技師）が設計主務者となり製作した試作機は、一九四四年、四式重爆撃機として制式採用された。四式重爆撃機は、操縦者の視界を良くするため、操縦席をプロペラより前に配置した特徴ある外観で、軽快な操縦性を有した。このため、陸軍の爆撃機にも関わらず、魚雷を搭載し急降下して敵艦船を雷撃できる型も開発された。一九四四年以降、四式戦闘機「疾風」とともに「大東亜決戦機」として重点生産され、生産機数は三菱重工業で六〇六機、川崎航空機で約九〇機の合計約七〇〇機に達した。

全軍特攻化

戦争末期になると、アメリア軍との戦力差は絶望的なレベルにまで拡大し、通常の攻撃方法では、敵の主力艦はもちろん、上陸してくる敵の艦船にも打撃を与えることは難しくなった。そこで登場したのが、爆弾を搭載した航空機で敵艦に体当たり自爆攻撃を行う特別攻撃（以下、特攻）であった。体当たり攻撃は、太平洋戦争中期においても、第一線の航空隊員による個人的判断でしばしば実施されていたが、一九四四年後半以降、陸海軍は組織的に特攻を行うようになり、四五年には特攻を航空作戦の主体とする全軍特攻化を推し進めるに至った。海軍第一航空艦隊司令官として作戦を主導した大西滝治郎（海軍中将）自身が、「統率の外道」と述べたことからもわかるように、搭乗者を使い捨てにする特攻は、人道に反するだけでなく軍事的にも非合理的な作戦だった。

航空作戦の主体が特攻となった戦争末期には、零式艦上戦闘機・一式戦闘機「隼」・四式戦闘機「疾風」・紫電改など、ほとんど全ての航空機が爆弾を装備して特攻機として用いられた。しかし、なかでも「桜花」に代表される特攻専用機は、当初から体当たり攻撃を組織的に行うことを目的にして開発された特殊な航空機だった。海軍中央では、一九四三年から特攻の実施を検討していたが、ついに、四四年二月に人間魚雷「回天」の試作を開始し、同年八月には特攻専用機「桜花」の開発を決定した。開発決定の経緯には未解明な点があるが、きっかけとなったのは大田正一（海軍特務少尉）の発案だとされている。大田は、輸送機部隊に勤務する偵察員で、輸送機の機長として輸送や連絡任務を担い、南太平洋ラバウル方面にも出動していたが、逼迫した戦況に危機感を抱き、東京帝国大学航空研究所の協力を得て特攻専用機の設計図案をまとめ、海軍に提出したという。技術者でも戦闘機の搭乗員でもない一介の偵察員の提案が、組織の命令系統を超えて採用されるには、上層部からの強い支持があったと考えられるが、詳細は現在に至るまで不明である。

特攻専用機「桜花」

桜花の開発は、三木忠直（海軍技術少佐）を設計主務者として、海軍航空技術廠で行われた。三木は、一九三八年に東京帝国大学工学部船舶工学科を卒業して海軍航空技術廠に入廠した技術者で、飛行機部部員として、陸上爆撃機「銀河」の機体設計などを担当してきた。三木は、当初、搭乗員の死を前提とした特攻専用機の設計を拒否したが、航空技術廠を訪れた大田少尉から開発を強く訴えられ、やがて率先して開発に取り組むようになった。大田は、技術者たちとの面会の場で、逼迫した戦況とそれを打開するための特攻機の必要性を熱弁し、誰が特攻機を操縦するのかとの質問を受けると、自分が乗ると宣言して開発を促したのだった。

開発は、航空技術廠内において徹底した機密保持のもとで進められた。開発を担当した技術者十数名は、庁舎の一室を設計室とし、別の一室を寝室として設計にあたり、関係者以外の立ち入りは厳禁された。風洞実験では、実験を行う当事者にも兵器の開発目的を知らせず、風洞のある建物の入口には、特別に派遣された警備兵が警備にあたるほどだった。

図47　特攻機「桜花」

図48　一式陸上攻撃機

桜花は、母機である一式陸上攻撃機につるして敵艦近くまで運び、母機から離脱後、人間の操縦する飛行爆弾として、目標に体当たり攻撃することを想定して設計された。搭乗者は、上空で母機から桜花に移乗することとなっていた。乗員一名で機首に一二〇〇キロ爆弾を装備した桜花は、後部の火薬ロケット三基により、各九秒間推進することができた。最大速度は時速六四八キロで、航続距離は、わずか三七キロだった。主翼を木製とするなど代用品を使用し、製作工程も簡素化されていた。開発および製造は急ピッチで進められ、一九四四年九月に試作機が完成すると、同年一一月までに五〇機が製造され、ついに四五年三月には初出撃した。しかし、桜花をつるした一式陸上攻撃機は、過重量のため速度や運動性が低く、敵機に迎撃されるとなすすべもなく、戦果は乏しかった。それでも、桜花の生産機数は約八五〇機に及んだ。

搭乗者の死を前提とした桜花の開発は、開発に携わった技術者たちの心に、倫理的な重荷を背負わせた。関係した多くの技術者は、自責の念に苦しみ、戦後も固く口を閉ざした。桜花についてただ一人詳しい証言を行った三木も、戦後二〇年経つまでは、いろいろな方面から桜花についての執筆を依頼されたが、行きて帰らざる必死の特攻機であったために、どうしても筆を取る気になれなかったと述べている。

特攻機は搭乗者の死を前提にするという特異な兵器であり、ほかの兵器開発と同列に論じることは難しいが、桜花という特攻機の存在は、機密保持という名の密室のもとで、時に倫理性を無視した決定や行動がなされる軍事研究の狂気の一端を、よく表しているように思える。

日本における研究開発の特徴

航空戦略

日本における航空機開発の大きな特徴は、陸海軍がそれぞれ独自の基本方針に基づく航空戦略を持ち、航空機の開発を行ったことである。ソ連を仮想敵国とする陸軍では、一貫して航空兵力を地上作戦の援護戦力と位置づけて、航空機の開発を進めた。陸軍における航空部隊の役割は、歩兵の戦闘を補助して地上作戦を円滑に進めることであり、航空兵力だけで戦争の勝敗を決しようとする戦略爆撃などの発想は生まれなかった。陸軍の航空関係者は、開戦直後にソ連の航空基地を先制急襲して、一挙に撃滅するという航空撃滅戦の作戦計画を立案し、これを実現するための軍備に邁進した。陸軍の作戦構想は、速度に優れた九七式(きゅうななしき)重爆撃機など特色ある航空機を生み出したが、南方向けの航空機の開発が本格化するのは、一九四〇年後半になってからで、十分な軍備が整わないまま開戦へと突き進むこととなった。

一方、アメリカを仮想敵国とする海軍の作戦構想は、主力艦同士の艦隊決戦によって戦争全体の勝敗が決するというものだった。海軍では、航空兵力を艦隊決戦時の補助兵力と位置づけて、航空機の開発を進めたが、次第に海軍の航空関係者の間では、軍備の重点を軍艦ではなく航空機に移すべきだとする航空主兵論が力を持つようになった。一九三〇年代後半に開発された九六式陸上攻撃機や零式艦上戦闘機などの長大な航続力と攻撃力を持つ航空機の登場は、航空兵力の評価を高め、航空部隊が艦隊から独立した戦力となることを促した。海軍主流の用兵思想は艦隊決戦を主軸とする考え方のままであったが、海軍の航空関係者は、単独で大規模に活動することができる基地航空部隊や航空艦隊の建設を推し進めていった。

太平洋戦争における実際の戦闘が始まると、陸海軍ともに、当初の作戦構想を大幅に修正することを余儀なくされた。戦域は陸軍の想定とは異なる広大な太平洋であり、海軍の想定した艦隊決戦も起こらなかった。太平洋の島々をめぐって想定外の長期争奪戦が続くなか、航空機の開発や生産の重点は、陸上基地から出撃して敵の艦艇や航空基地を攻撃する陸上攻撃機と、味方の攻撃機を援護したり敵の爆撃機を迎撃したりする戦闘機に絞られていった。アメリカ軍の反攻が本格化し日米間の戦力差が広がると、敵航空部隊をまともに相手にするのではなく、上陸する敵の艦船、特に輸送船に攻撃を集中する戦法が取られるようになり、ついには、陸海軍の総力をあげて敵艦に体当たり自爆攻撃を行う全軍特攻へと至った。

自主技術の形成と研究機関の整備

軍事的観点から見て、航空機を国内で試作・生産できるだけの自主技術を形成することは、きわめて重要な意味を持っていた。独自の戦略に基づく軍用機を開発するためにも、また、戦時において軍用機の供給を円滑に行うためにも、海外技術に依存した状態から抜け出す必要があった。このため陸海軍は、一九一〇年代より、航空機に関する自主技術の形成に非常に積極的だった。当初は、軍自ら航空機の機材輸入やライセンス生産を行い、一九一〇年代後半以降、民間航空機製造会社に生産や開発を委ねるようになっても、各社に外国技術の導入を促したり、競争試作を実施したりして、国内での試作能力の向上に努めた。一九三〇年代には、そうした取り組みが結実し、日本国内で世界的レベルの航空機を開発することが可能となった。

自主技術に基づく航空機の開発が本格化すると、航空機の開発に役立つ航空研究機関の活動がそれまで以上に求められるようになった。海軍は、軍内部に航空技術廠という大規模な航空研究機関を整備し、民間航空機製造会社を指導する体制を整えた。海軍航空技術廠は試作機の試験や航空事故の調査などを通じて、航空機の性能向上を下支えするとともに、諸外国に比べて開発が遅れていた水冷発動機を搭載した航空機の開発を自ら行うなど、民間の航空機製造会社が実施することの難しい課題にも取り組んだ。

一方、航空機に対する軍事上の評価が海軍に比べて低かった陸軍では、海軍航空技術廠に匹敵する航空研究機関を内部に設置することはなかった。陸軍は、内部の研究開発能力の不足を補うため、外部の航空研究機関に対して、工業化に役立つ応用研究の実施を強く求めた。陸軍の要求は、東京帝国大学航空研究所における陸軍委託研究の実施や、応用研究を目的とした中央航空研究所設立のきっかけとなり、軍外の航空研究機関における応用研究の拡大をもたらすこととなった。

技術封鎖と基礎的研究の推進

一九三〇年代後半に、日本に対する技術封鎖および情報封鎖が本格化すると、航空研究機関に対する陸軍の要求は、新たな展開を見せた。「独創的技術発達の温床を培養」するという方針のもと、短期的な研究動向や目先の成果を追うのではなく、より長期的な視点から、新技術の開発能力の向上を求めるようになったのである。一九三〇年代、日本の航空機製造会社は、世界的なレベルの航空機を開発できるようになったが、航空機開発を支える広い意味での研究開発能力は十分ではなく、対日封鎖をきっかけとして、幅広い新技術の開発へと向かわざるを得なかったのである。

戦時期における日本の研究開発の特徴は、太平洋戦争開戦以前の時期に実用的な応用研究が推進され、太平洋戦争中にそうした応用研究に加えて、すぐには実用化できない地道な研究が奨励されたことだった。第二次世界大戦期の欧米諸国において、研究者たちが戦争前までに行っていた研究を一時中止し、応用研究や開発研究に取り組んだのとは対照的である。もちろん日本においても、戦時中には「基礎的と見られる科学技術」だけが重視されたわけではなく、第二次世界大戦以前の時期と同様に、応用研究や開発研究が推進された。しかし、戦時中にもかかわらず、特定の新機種の開発とひとまず切り離された形で、新技術の開発や基礎的研究が奨励されたことは、日本の研究開発の際立った特徴となっている。こうして戦時期に活発化した研究開発活動は、占領期の一時的な中断を経て、戦後へと引き継がれていくことになる。

戦後の航空研究——エピローグ

航空禁止令

敗戦によって連合軍の統治下に置かれた日本では、連合国最高司令官総司令部（GHQ）の命令により、航空機の飛行・生産・研究・実験など、あらゆる航空活動が禁止された。最高司令官の命令は徹底したもので、航空機は軍用機だけでなく民間機もすべて破壊され、航空局などの行政機関、中央航空研究所や東京帝国大学航空研究所などの研究機関、東京帝国大学工学部航空学科などの教育機関も廃止となった。航空機を作るという夢は、軍用機か民間機かを問わず、完全に断たれてしまったのである。

航空関係の技術者は、自動車・鉄道などの工業分野に散り、各分野における戦後の復興を支えることとなった。中島飛行機は財閥解体により一二社に分割され、一部は富士重工業となり、スバルのブランド名で自動車の製造を開始した。また、一九六六年（昭和四一）に日産自動車に吸収合併されたプリンス自動車も、もともとは中島飛行機の一部と立川飛行機の一部をもとに誕生した自動車製造会社だった。航空機製造会社を離職後に、自動車製造会社に就職した技術者も多かった。東京帝国大学工学部航空学科を卒業した元航空技術者で、戦時中、立川飛行機で戦闘機を設計していた長谷川龍雄（はせがわたつお）が、戦後、トヨタ自動車で初代カローラを開発したのはその一例であろう。

鉄道分野にも多くの元航空技術者が集い、鉄道技術の発展をもたらした。本書でも取り上げた海軍航空技術廠の松平精（まつだいらただし）や三木忠直（みきただなお）が、戦後、国鉄の鉄道技術研究所所員となり、東海道新幹線の開発を主導したのは象徴的である。戦時中、航空機の振動現象を研究していた松平は、戦後、鉄道技術研究所で鉄道車両の振動を研究し、高速時の安定走行を実現した。また、戦時中、特攻専用機「桜花（おうか）」の機体設計を担当した三木は、初代新幹線の先頭部を設計している。

戦後の航空機工業と研究機関

一九五二年、サンフランシスコ講和条約発効に合わせて、航空禁止令が解除されると、七年ぶりに航空機の生産・開発ができるようになった。しかし、この七年の間に、航空機はプロペラ機からジェット機へと変わり、欧米諸国との技術格差は圧倒的に広がってしまっていた。
それでも日本の航空機工業は、防衛庁（現在の防衛省）が採用したアメリカ軍機のライセンス生産などによって、技術基盤を次第に回復していき、一九七〇年代には、超音速戦闘機を開発・生産できるほどとなった。戦後も航空機工業は、軍用機の割合が大きい軍需工業で、比較的安定した需要が見込める自衛隊向けの軍用機に依存して成長した。

一方、占領下で廃止された東京帝国大学航空研究所は、一時期、東京大学理工学研究所となっていたが、一九五八年に同研究所を改組して、東京大学航空研究所として再建された。その後、一九六四年に東京大学宇宙航空研究所へ、八一年に文部省宇宙科学研究所へと改組され、八九年には東京都目黒区駒場から神奈川県相模原市淵野辺（ふちのべ）に移転し、現在、宇宙航空研究開発機構（ＪＡＸＡ（ジャクサ））宇宙科学研究所（ＩＳＡＳ）となっている。駒場の敷地は、文部省宇宙科学研究所の一部が分離して東京大学工学部附属境界領域研究施設となり、一九八七年に東京大学先端科学技術研究センターとなった。

同様に占領下で廃止された中央航空研究所の敷地の一部は、一時期、鉄道技術研究所の施設となっていたが、一九五〇年に運輸省運輸技術研究所となり、その後の改組を経て、現在、海上・港湾・航空技術研究所（ＭＰＡＴ）海上技術安全研究所となっている。また、中央航空研究所の敷地の一部は、一九五五年に総理府航空技術研究所となり、五六年に科学技術庁へ移管された後、六三年に航空宇宙技術研究所へ、二〇〇三年（平成一五）に宇宙航空研究開発機構（JAXA）調布航空宇宙センターへと改組された。二〇〇三年の宇宙航空研究開発機構（JAXA）の設立によって、東京帝国大学航空研究所と中央航空研究所を統一的に指導するという戦時中の構想は、部分的ではあるが実現したことになる。ただし、軍事研究とのつながりは、現在までのところ比較的薄い状態にある。

国産旅客機の飛翔

戦前ほとんど試みられなかった旅客機の開発は、日本企業を主体とした自主開発という点では、戦後も長い間、低調のままだった。一九六〇年代には、日本政府と三菱重工業・川崎航空機・富士重工業などの民間企業が出資して設立した日本航空機製造が、旅客機YS―一一を開発したこともあったが、営業体制や価格競争力の問題から、累積赤字が生じ、後継機種を開発することなく事業からの撤退を余儀なくされた。また、一九六〇年代から一九七〇年代には、小型ビジネス航空機MU―二やビジネスジェット機MU―三〇〇などを開発した三菱重工業も、やはり営業不振などで採算が合わず撤退に追い込まれた。その後、長らく日本企業を主体とした自主開発は行われてこなかった。代わりに、日本の航空機工業は、アメリカのボーイング社が開発す

図49　旅客機ＹＳ－11

るジャンボ旅客機ボーイング七六七・ボーイング七七七・ボーイング七八七などの国際共同開発に参加するという形で、旅客機開発に携わってきた。二〇一一年に運用開始したボーイング七八七では、三菱重工業が主翼を、川崎重工業（川崎航空機の後身）が機体の胴体部分を担当するなど、重要な部品を日本のメーカーが担っている。

国際共同開発で技術基盤を構築した日本の航空機工業は、現在、半世紀ぶりに、旅客機の自主開発に挑んでいる。三菱航空機（二〇〇八年設立の新会社）が設計し、二〇一五年一一月に初飛行に成功した小型近距離旅客機ＭＲＪ（三菱リージョナルジェット）である。ＭＲＪは優れた燃費と機内の快適性を売りに、二〇一八年就航を目指して開発が進んでいる。また、本田技研工業などが開発したホンダジェット（HondaJet）は、旅客輸送用ではなく、自家用機や社用機向けのビジネスジェット機だが、二〇一二年に量産機の生産を開始し、すでに顧客への引き渡しを開始している。軍需一色だった戦前・戦中期の航空機工業を顧みると、隔世の感がある。今後は、航空機作りの夢が、戦争と結び付かずに実現する、そんな未来が広がることを願ってやまない。

あとがき

本書で取り上げた航空技術に関する研究テーマとの出会いは、一五年以上前の大学院在籍時にさかのぼる。二〇〇〇年四月に博士課程に進学した著者は、博士論文で取り上げる研究テーマを決めかねていた。進学当初考えていたテーマは、修士論文で扱った一九七〇年代の科学技術政策に関する研究を発展させて、欧米諸国で取り組まれていた科学技術政策の新しい潮流を踏まえ、一九七〇年代以降の政策の展開を分析しようとするものだった。しかし、諸先生方からの助言や思案の結果、結局、現代の科学技術振興策の起源である戦時期の科学技術動員を研究テーマに選んだ。今日の科学技術と国家の関係について、その源となった戦時期にまで立ち返って、より深く考察してみたいと考えたのである。そして、科学技術動員の主要課題として注目することになったのが、航空技術であった。

研究開始当初は、航空技術にも、また戦時期という時代についても、まとまった知識がなく、暗中模索する日々が続いた。当時はインターネットを通じた資料公開もほとんど行われていなかったので、東京都目黒区にあった防衛研究所（二〇一六年に新宿区市ヶ谷に移転）に毎日のように通って、戦時中の資料を閲覧させていただいた。資料複写を依頼して手元に届くまで、ずいぶん待たされたのも、今思うと懐かしい。

二〇〇四年に博士論文を提出後、主な研究テーマは、科学技術政策そのものの展開へと変わっていった。ここ数年は、航空技術や鉄道技術といった個々の領域の発展ではなく、科学研究費などの制度を中心に研究を進めてきた。航空技術については、細々と関わる程度となっていたのだが、そうしたなかで突然、話をいただいたのが、今回の出版企画であった。メインの研究テーマとしてはしばらく遠ざかっていたが、一度扱ったテーマに関しては、論文などを書き終えた後も、不思議と関連する資料が目に入ってきてしまう。本書の執筆では、一般向けの書籍という性格上、航空技術の大きな流れを押さえるとともに、博士論文執筆後さまざまな資料に触れるなかで知ったエピソードについても、なるべく盛り込むように心がけた。技術者の生きざまを知ることのできる自伝、伝記、回顧録などを改めて見てみると、制度的な研究ではわからない当時の社会状況が浮かび上がり、自分自身も学ぶことが多かった。このような貴重な機会を与え、原稿執筆を支援していただいた吉川弘文館編集部の伊藤俊之さんに心から感謝したい。

本書は、基本的に書き下ろしだが、内容の一部は、以下の四本の論文に基づいている。

①「陸軍における『航空研究所』設立構想と技術院の航空重点化」（『科学史研究』四二、二〇〇三年）

②「アジア太平洋戦争期における旧陸軍の航空研究機関への期待」（『科学史研究』四三、二〇〇四年）

③「太平洋戦争初期における旧日本陸軍の航空研究戦略の変容」（二〇〇四年、東京工業大学博士論文）

④「空戦兵器—零式艦上戦闘機」（山田朗編『ものから見る日本史　戦争Ⅱ』青木書店、二〇〇六年）

このうち、③の博士論文は、①および②の二本の原著論文を中心にして執筆したものである。博士論文の指導および審査をしていただいた山崎正勝名誉教授（主査）、木本忠昭名誉教授、渡辺千仭名誉教授、藁谷敏晴名誉教授、故梶雅範教授、中島秀人教授、橋本毅彦東京大学教授、河村豊東京工業高等専門学校教授には、改めて感謝の意を捧げたい。

著者の勤務先の一つである国立公文書館アジア歴史資料センター（通称「アジ歴」）は、

国立公文書館、外務省外交史料館、防衛省防衛研究所などの資料をインターネット上で公開する機関である。著者が博士論文執筆時に多大な労力と時間と費用をかけて入手した資料の多くも、現在は、アジ歴のデジタルアーカイブを通じて、どこからでも無料で閲覧しコピーすることができる。本書の内容に関わる資料も多数公開しているので、是非、アクセスしてみてほしい。

本書の執筆においては、アジ歴の関係者から多くの研究上の刺激をいただいた。平野健一郎前センター長、波多野澄雄センター長をはじめとする皆様に心からお礼申し上げたい。もちろん、本書の内容はすべて、著者個人の責任によるものであり、所属組織を代表するものではないことを念のためお断りしておく。

最後に、研究中心の生活を送るわがままを許してくれる妻、実家の両親および妻の両親に感謝の意を表したい。本書が、航空技術をめぐる歴史研究に少しでも寄与することができれば幸いである。

二〇一六年一一月

水沢　光

参考文献

図書・論文

飯泉新吾『丸善百年史—日本近代化のあゆみと共に』丸善、一九八一年
碇　義朗『海軍空技廠—誇り高き頭脳集団の栄光と出発』光人社、一九八九年
池田美智子『対日経済封鎖—日本を追いつめた一二年』日本経済新聞社、一九九二年
太田市企画部広報広聴課編『銀翼遥か—中島飛行機五十年目の証言』太田市、一九九五年
大淀昇一『宮本武之輔と科学技術行政』東海大学出版会、一九八九年
海空会編『海鷲の航跡—日本海軍航空外史』原書房、一九八二年
角田求士「空軍独立問題と海軍」『軍事史学』一二、一九七六年
木戸日記研究会編『木戸幸一関係文書』東京大学出版会、一九六六年
航空局五十周年記念事業実行委員会編『航空局五十年の歩み』航空局五十周年記念事業実行委員会、一九七〇年
航空情報編集部編『設計者の証言—日本傑作機開発ドキュメント』上下（『別冊航空情報』）、酣燈社、一九九四年
沢井　実『近代日本の研究開発体制』名古屋大学出版会、二〇一二年
大日本航空社史刊行会編『航空輸送の歩み—昭和二十年迄』日本航空協会、一九七五年

司　忠『丸善社史』丸善、一九五一年
帝国大学新聞社編『帝国大学新聞』復刻版・全一七巻、不二出版、一九八四〜八六年
逓信省航空局編『航空要覧』昭和一四年版、帝国飛行協会、一九四〇年
土井武夫『飛行機設計五〇年の回想』酣燈社、一九八九年
東洋経済新報社編『昭和産業史』一、東洋経済新報社、一九五〇年
富塚　清『航研機―世界記録樹立への軌跡』新装版、三樹書房、二〇一〇年
鳥養鶴雄監修『知られざる軍用機開発』上下（『別冊航空情報』）、酣燈社、一九九九年
西山　崇「軍事技術者の戦争心理―海軍特別攻撃機『桜花』の事例」『科学史研究』五〇、二〇一一年
日本海軍航空史編纂委員会編『日本海軍航空史』全四巻、時事通信社、一九六九年
日本近代史料研究会編『日満財政経済研究会資料―泉山三六氏旧蔵』一、日本近代史料研究会、一九七〇年
日本航空学術史編集委員会編『日本航空学術史―一九一〇〜一九四五』丸善、一九九〇年
日本航空学術史編集委員会編『研三・A―二六・ガスタービン―わが国航空の軌跡』丸善、一九九八年
日本航空学術史編集委員会編『航研機―東大航空研究所試作長距離機』丸善、一九九九年
日本航空協会編『日本航空史』明治・大正編、日本航空協会、一九五六年
日本航空協会編『日本民間航空史話』日本航空協会、一九六六年
日本航空協会編『日本航空史』昭和前期編、日本航空協会、一九七五年
ノーマン・A・グレイブナー著、岡村忠夫訳「大統領と対日政策」細谷千博・斎藤真・今井清一・蠟山

道雄編『日米関係史　開戦に至る十年―一九三一～一九四一年』新装版・一、東京大学出版会、二〇〇〇年
野沢正解説『日本航空機辞典』上、モデルアート社、一九八九年
橋本毅彦『飛行機の誕生と空気力学の形成』東京大学出版会、二〇一二年
秦郁彦編『日本陸海軍総合事典』第二版、東京大学出版会、二〇〇五年
畑俊六著、伊藤隆・照沼康孝編『陸軍―畑俊六日誌』（『続・現代史資料』四）、みすず書房、一九八三年
原　朗編『日本の戦時経済―計画と市場』東京大学出版会、一九九五年
ファブリ・朝日新聞社編、木村秀政・佐貫亦男解説『世界の軍用名機一〇〇―一九一二～一九四五』（『世界の翼』別冊）、朝日新聞社、一九七九年
文芸春秋編『人間爆弾と呼ばれて―証言・桜花特攻』文芸春秋、二〇〇五年
防衛庁防衛研修所戦史室編『大本営陸軍部（一）昭和十五年五月まで』（『戦史叢書』八）、朝雲新聞社、一九六七年
防衛庁防衛研修所戦史室編『比島・マレー方面海軍進攻作戦』（『戦史叢書』二四）、朝雲新聞社、一九六九年
防衛庁防衛研修所戦史室編『南方進攻陸軍航空作戦』（『戦史叢書』三四）、朝雲新聞社、一九七〇年
防衛庁防衛研修所戦史室編『陸軍航空の軍備と運用（一）昭和十三年初期まで』（『戦史叢書』五二）、朝雲新聞社、一九七一年

防衛庁防衛研修所戦史室編『陸軍航空の軍備と運用（二）昭和十七年前期まで』（『戦史叢書』七八）、朝雲新聞社、一九七四年
防衛庁防衛研修所戦史室編『陸軍航空兵器の開発・生産・補給』（『戦史叢書』八七）、朝雲新聞社、一九七五年
防衛庁防衛研修所戦史室編『海軍航空概史』（『戦史叢書』九五）、朝雲新聞社、一九七六年
ポール・E・エデン、ソフ・モエン編著、帆足孝治・佐藤敏行訳『第二次大戦世界の軍用機図鑑』イカロス出版、二〇一四年
堀越二郎『零戦の遺産—設計主務者が綴る名機の素顔』（『光人社NF文庫』）、光人社、二〇〇三年
堀越二郎『零戦—その誕生と栄光の記録』（『角川文庫』）、角川書店、二〇一二年
毎日新聞社編『日本航空史—陸軍海軍航空隊の全貌』（『別冊一億人の昭和史』）、毎日新聞社、一九七九年
マイラ・ウィルキンズ著、蠟山道雄訳「アメリカ経済界と極東問題」細谷千博・斎藤真・今井清一・蠟山道雄編『日米関係史　開戦に至る十年—一九三一～一九四一年』新装版・三、東京大学出版会、二〇〇〇年
前川　力「風洞思い出草」『ながれ』四、一九八五年
松平　精「零戦から新幹線まで」『日本機械学会誌』七七、一九七四年
満洲航空史話編纂委員会編『満洲航空史話』満洲航空史話編纂委員会、一九七二年
水沢　光「陸軍における『航空研究所』設立構想と技術院の航空重点化」『科学史研究』四二、二〇〇〇

三年
水沢　光「アジア太平洋戦争期における旧陸軍の航空研究機関への期待」『科学史研究』四三、二〇〇四年
水沢　光「太平洋戦争初期における旧日本陸軍の航空研究戦略の変容」東京工業大学博士論文、二〇〇四年［未刊行］
水沢　光「空戦兵器―零式艦上戦闘機」山田朗編『戦争Ⅱ―近代戦争の兵器と思想動員』青木書店、二〇〇六年
水沢　光「第二次世界大戦期における文部省の科学論文題目速報事業および翻訳事業―犬丸秀雄関係文書を基に―」『科学史研究』五二、二〇一三年
村岡正明『初飛行―明治の逞しき個性と民衆の熱き求知心』（『光人社NF文庫』）、光人社、二〇一〇年
山崎正勝「わが国における第二次世界大戦期科学技術動員―井上匡四郎文書に基づく技術院の展開過程の分析」『東京工業大学人文論叢』二〇、一九九四年
山田　朗『軍備拡張の近代史―日本軍の膨張と崩壊』（『歴史文化ライブラリー』一八）、吉川弘文館、一九九七年
吉田　裕『現代歴史学と軍事史研究―その新たな可能性』校倉書房、二〇一二年
『井上匡四郎文書』国学院大学図書館所蔵（雄松堂フィルム出版が一九九四年に刊行したマイクロフィルム版を使用）。

未刊行史料

『密大日記　昭和十一年』、『密大日記　昭和十二年』、『陸機密大日記　昭和十五年』、『陸軍一般史料　陸空　中央　全般』、『陸軍一般史料　陸空　中央　航空基盤』、『海軍一般史料　航空部隊　航空本部』（防衛省防衛研究所所蔵）

そ の 他

朝日新聞記事データベース「聞蔵Ⅱ」

国土地理院地図データベース

国立公文書館アジア歴史資料センターデータベース

著者紹介

一九七四年、東京都に生まれる
一九九八年、東京大学教養学部基礎科学科卒業
二〇〇四年、東京工業大学社会理工学研究科経営工学専攻博士課程修了、博士(学術)
現在、中央大学商学部兼任講師

主要論文

「日中戦争下における基礎研究シフト—科学研究費交付金の創設」(『科学史研究』五一、二〇一二年)
「日本学術振興会研究費と科学研究費交付金の分野別割合にみる戦時と戦後の連続性」(『科学史研究』五三、二〇一五年)

歴史文化ライブラリー
443

軍用機の誕生
日本軍の航空戦略と技術開発

二〇一七年(平成二十九)二月一日　第一刷発行

著　者　水沢(みずさわ)　光(ひかり)

発行者　吉川道郎

発行所　株式会社　吉川弘文館
東京都文京区本郷七丁目二番八号
郵便番号一一三—〇〇三三
電話〇三—三八一三—九一五一〈代表〉
振替口座〇〇一〇〇—五—二四四
http://www.yoshikawa-k.co.jp/

印刷＝株式会社　平文社
製本＝ナショナル製本協同組合
装幀＝清水良洋・柴崎精治

ISBN978-4-642-05843-8

歴史文化ライブラリー

1996. 10

刊行のことば

現今の日本および国際社会は、さまざまな面で大変動の時代を迎えておりますが、近づきつつある二十一世紀は人類史の到達点として、物質的な繁栄のみならず文化や自然・社会環境を謳歌できる平和な社会でなければなりません。しかしながら高度成長・技術革新にともなう急激な変貌は「自己本位な刹那主義」の風潮を生みだし、先人が築いてきた歴史や文化に学ぶ余裕もなく、いまだ明るい人類の将来が展望できていないようにも見えます。このような状況を踏まえ、よりよい二十一世紀社会を築くために、人類誕生から現在に至る「人類の遺産・教訓」としてのあらゆる分野の歴史と文化を「歴史文化ライブラリー」として刊行することといたしました。

小社は、安政四年(一八五七)の創業以来、一貫して歴史学を中心とした専門出版社として書籍を刊行しつづけてまいりました。その経験を生かし、学問成果にもとづいた本叢書を刊行し社会的要請に応えて行きたいと考えております。

現代は、マスメディアが発達した高度情報化社会といわれますが、私どもはあくまでも活字を主体とした出版こそ、ものの本質を考える基礎と信じ、本叢書をとおして社会に訴えてまいりたいと思います。これから生まれでる一冊一冊が、それぞれの読者を知的冒険の旅へと誘い、希望に満ちた人類の未来を構築する糧となれば幸いです。

吉川弘文館

歴史文化ライブラリー

近・現代史

- 五稜郭の戦い 蝦夷地の終焉——菊池勇夫
- 幕末明治 横浜写真館物語——斎藤多喜夫
- 横井小楠 その思想と行動——三上一夫
- 水戸学と明治維新——吉田俊純
- 大久保利通と明治維新——佐々木 克
- 旧幕臣の明治維新 沼津兵学校とその群像——樋口雄彦
- 維新政府の密偵たち 御庭番と警察のあいだ——大日方純夫
- 明治維新と豪農 古橋暉皃の生涯——高木俊輔
- 京都に残った公家たち 華族の近代——刑部芳則
- 文明開化 失われた風俗——百瀬 響
- 西南戦争 戦争の大義と動員される民衆——猪飼隆明
- 大久保利通と東アジア 国家構想と外交戦略——勝田政治
- 自由民権運動の系譜 近代日本の言論の力——稲田雅洋
- 明治の政治家と信仰 クリスチャン民権家の肖像——小川原正道
- 福沢諭吉と福住正兄（ふくずみまさえ） 世界と地域の視座——金原左門
- 日赤の創始者 佐野常民（つねたみ）——吉川龍子
- 文明開化と差別——今西 一
- アマテラスと天皇 〈政治シンボル〉の近代史——千葉 慶
- 大元帥と皇族軍人 明治編——小田部雄次
- 明治の皇室建築 国家が求めた〈和風〉像——小沢朝江
- 皇居の近現代史 開かれた皇室像の誕生——河西秀哉
- 明治神宮の出現——山口輝臣
- 神都物語 伊勢神宮の近現代史——ジョン・ブリーン
- 日清・日露戦争と写真報道 戦場を駆ける写真師たち——井上祐子
- 博覧会と明治の日本——國 雄行
- 公園の誕生——小野良平
- 啄木短歌に時代を読む——近藤典彦
- 町火消たちの近代 東京の消防史——鈴木 淳
- 鉄道忌避伝説の謎 汽車が来た町、来なかった町——青木栄一
- 軍隊を誘致せよ 陸海軍と都市形成——松下孝昭
- 家庭料理の近代——江原絢子
- お米と食の近代史——大豆生田 稔
- 日本酒の近現代史 酒造地の誕生——鈴木芳行
- 失業と救済の近代史——加瀬和俊
- 近代日本の就職難物語 「高等遊民」になるけれど——町田祐一
- 選挙違反の歴史 ウラからみた日本の一〇〇年——季武嘉也
- 海外観光旅行の誕生——有山輝雄
- 関東大震災と戒厳令——松尾章一
- モダン都市の誕生 大阪の街・東京の街——橋爪紳也
- 激動昭和と浜口雄幸——川田 稔
- 昭和天皇とスポーツ 〈玉体〉の近代史——坂上康博

歴史文化ライブラリー

昭和天皇側近たちの戦争—茶谷誠一
大元帥と皇族軍人 大正・昭和編—小田部雄次
海軍将校たちの太平洋戦争—手嶋泰伸
植民地建築紀行 満洲・朝鮮・台湾を歩く—西澤泰彦
帝国日本と植民地都市—橋谷 弘
稲の大東亜共栄圏 帝国日本の〈緑の革命〉—藤原辰史
地図から消えた島々 幻の日本領と南洋探検家たち—長谷川亮一
日中戦争と汪兆銘(おうちょうめい)—小林英夫
自由主義は戦争を止められるのか 芦田均・清沢洌・石橋湛山—上田美和
モダン・ライフと戦争 スクリーンのなかの女性たち—宜野座菜央見
彫刻と戦争の近代—平瀬礼太
特務機関の謀略 諜報とインパール作戦—山本武利
軍用機の誕生 日本軍の航空戦略と技術開発—水沢 光
首都防空網と〈空都〉多摩—鈴木芳行
陸軍登戸研究所と謀略戦 科学者たちの戦争—渡辺賢二
帝国日本の技術者たち—沢井 実
〈いのち〉をめぐる近代史 堕胎から人工妊娠中絶へ—岩田重則
強制された健康 日本ファシズム下の生命と身体—藤野 豊
戦争とハンセン病—藤野 豊
「自由の国」の報道統制 大戦下の日系ジャーナリズム—水野剛也
敵国人抑留 戦時下の外国民間人—小宮まゆみ
銃後の社会史 戦死者と遺族—一ノ瀬俊也
海外戦没者の戦後史 遺骨帰還と慰霊—浜井和史
国民学校 皇国の道—戸田金一
学徒出陣 戦争と青春—蜷川壽惠
〈近代沖縄〉の知識人 島袋全発の軌跡—屋嘉比 収
沖縄戦 強制された「集団自決」—林 博史
原爆ドーム 物産陳列館から広島平和記念碑へ—頴原澄子
戦後政治と自衛隊—佐道明広
米軍基地の歴史 世界ネットワークの形成と展開—林 博史
沖縄 占領下を生き抜く 軍用地・通貨・毒ガス—川平成雄
昭和天皇退位論のゆくえ—冨永 望
紙 芝 居 街角のメディア—山本武利
団塊世代の同時代史—天沼 香
闘う女性の20世紀 地域社会と生き方の視点から—伊藤康子
丸山真男の思想史学—板垣哲夫
文化財報道と新聞記者—中村俊介

文化史・誌

毘沙門天像の誕生 シルクロードの東西文化交流—田辺勝美
落書きに歴史をよむ—三上喜孝
密教の思想—立川武蔵
霊場の思想—佐藤弘夫

歴史文化ライブラリー

四国遍路 さまざまな祈りの世界――星野英紀・浅川泰宏
跋扈（ばっこ）する怨霊 祟りと鎮魂の日本史――山田雄司
将門伝説の歴史――樋口州男
藤原鎌足、時空をかける 変身と再生の日本史――黒田 智
変貌する清盛 『平家物語』を書きかえる――樋口大祐
鎌倉 古寺を歩く 宗教都市の風景――松尾剛次
空海の文字とことば――岸田知子
鎌倉大仏の謎――塩澤寛樹
日本禅宗の伝説と歴史――中尾良信
水墨画にあそぶ 禅僧たちの風雅――高橋範子
日本人の他界観――久野 昭
観音浄土に船出した人びと 熊野と補陀落渡海――根井 浄
殺生と往生のあいだ 中世仏教と民衆生活――苅米一志
浦島太郎の日本史――三舟隆之
宗教社会史の構想 真宗門徒の信仰と生活――有元正雄
戒名のはなし――藤井正雄
墓と葬送のゆくえ――森 謙二
仏画の見かた 描かれた仏たち――中野照男
ほとけを造った人びと 止利仏師から運慶・快慶まで――根立研介
〈日本美術〉の発見 岡倉天心がめざしたもの――吉田千鶴子
祇園祭 祝祭の京都――川嶋將生

洛中洛外図屏風 つくられた〈京都〉を読み解く――小島道裕
茶の湯の文化史 近世の茶人たち――谷端昭夫
時代劇と風俗考証 やさしい有職故実入門――二木謙一
化粧の日本史 美意識の移りかわり――山村博美
乱舞の中世 白拍子・乱拍子・猿楽――沖本幸子
神社の本殿 建築にみる神の空間――三浦正幸
古建築修復に生きる 屋根職人の世界――原田多加司
大工道具の文明史 日本・中国・ヨーロッパの建築技術――渡邉 晶
苗字と名前の歴史――坂田 聡
日本人の姓・苗字・名前 人名に刻まれた歴史――大藤 修
読みにくい名前はなぜ増えたか――佐藤 稔
数え方の日本史――三保忠夫
大相撲行司の世界――根間弘海
日本料理の歴史――熊倉功夫
吉兆 湯木貞一 料理の道――末廣幸代
日本の味 醤油の歴史――林 玲子・天野雅敏 編
天皇の音楽史 古代・中世の帝王学――豊永聡美
流行歌の誕生 「カチューシャの唄」とその時代――永嶺重敏
話し言葉の日本史――野村剛史
日本語はだれのものか――川口 良・角田史幸
「国語」という呪縛 国語から日本語へ、そして〇〇語へ――川口 良・角田史幸

歴史文化ライブラリー

柳宗悦と民藝の現在——松井　健
遊牧という文化 移動の生活戦略——松井　健
薬と日本人——山崎幹夫
マザーグースと日本人——鷲津名都江
金属が語る日本史 銭貨・日本刀・鉄炮——齋藤　努
書物に魅せられた英国人 フランク・ホーレーと日本文化——横山　學
災害復興の日本史——安田政彦
夏が来なかった時代 歴史を動かした気候変動——桜井邦朋

民俗学・人類学

日本人の誕生 人類はるかなる旅——埴原和郎
倭人への道 人骨の謎を追って——中橋孝博
神々の原像 祭祀の小宇宙——新谷尚紀
女人禁制——鈴木正崇
役行者と修験道の歴史——宮家　準
民俗都市の人びと——倉石忠彦
鬼の復権——萩原秀三郎
幽霊　近世都市が生み出した化物——髙岡弘幸
雑穀を旅する——増田昭子
川は誰のものか 人と環境の民俗学——菅　豊
名づけの民俗学 地名・人名はどう命名されてきたか——田中宣一
番と衆 日本社会の東と西——福田アジオ
記憶すること・記録すること 聞き書き論ノート——香月洋一郎
番茶と日本人——中村羊一郎
踊りの宇宙 日本の民族芸能——三隅治雄
日本の祭りを読み解く——真野俊和
柳田国男 その生涯と思想——川田　稔
海のモンゴロイド ポリネシア人の祖先をもとめて——片山一道

各冊一七〇〇円～一九〇〇円（いずれも税別）
▽残部僅少の書目も掲載してあります。品切の節はご容赦下さい。